Die Kehre im Gebirgsstraßenbau

Neue Gesichtspunkte und Methoden
zu ihrer Konstruktion

Von

P. Petrović
Wien

Mit 19 Textabbildungen

1967

In Kommission:

Springer-Verlag / Wien · New York

ISBN-13: 978-3-211-80829-0   e-ISBN-13: 978-3-7091-7956-7
DOI: 10.1007/978-3-7091-7956-7

Alle Rechte,
insbesondere das der Übersetzung in fremde Sprachen, vorbehalten

Inhaltsverzeichnis

		Seite
1.	Allgemeines und Übersicht des Problems	1
2.	Gegenwärtiger Stand der Entwicklung	4
3.	Die neue Theorie der Kehrenentwicklung in allgemeiner Darstellung	5
4.	Die Schleppkurve	6
5.	Die mathematische Darstellung der Schleppkurve	10
6.	Die graphische Ermittlung der Schleppkurve	11
7.	Die Ermittlung der Schleppkurve im Modellversuch	14
8.	Die Evolute der Schleppkurve	16
9.	Die Achsberechnung	17
10.	Querneigung und Anrampung	19
11.	Steigungs- und Kurvenwiderstand	24
12.	Die Nivellette im Kehrenbereich	27
13.	Die geteilte Fahrbahn in der Kehre	33
14.	Zusammenfassung	35

1. Allgemeines und Übersicht des Problems

Die Kehre ist bereits seit langer Zeit ein Konstruktionselement des Wege- und Straßenbaues. Schon im Altertum wurde sie bei der Trassierung von Gebirgsstraßen verwendet, wie zum Beispiel bei heute noch erkennbaren Rudimenten ehemaliger Alpenübergänge am San-Bernardino-Paß und in Obertauern. Seit damals wird die Kehre bis in unsere Zeiten gebaut und ihre Bedeutung ist noch lange nicht vorbei. Wenn auch der Bau von Schnellstraßen und Autobahnen wohl ihre Anwendung wegen der geforderten und notwendigen Zügigkeit des Verkehrsablaufes erschwert oder gar verbietet und für diese Straßentypen Alpenübergänge und Paßstraßen vermieden und durch Tunnelstrecken ersetzt werden, so ist doch vielfach die Notwendigkeit der Anwendung von Kehren noch gegeben. Dies kann der Fall sein beim Ausbau traditioneller Straßen im Gebirge, bei der Neuanlage von Güterwegen und Aufschließungsstraßen auch im Mittelgebirge und im Hügelland und nicht zuletzt bei der immer zahlreicheren Anlage von Ausflugs- und Erholungsstraßen, welche besonders in unserer Heimat ausgezeichnete und einmalige Naturschönheiten erschließen und als Fremdenverkehrsattraktionen von hohem Werte sind. Es sei hier nur unter vielen anderen an die Großglockner-Hochalpenstraße, die Gerlosstraße und die Straße auf die Villacher Alpe gedacht.

Die natürlichste Art einen Hang zu überwinden, dessen Steilheit die Leistungsfähigkeit des Menschen, des Tieres oder der Maschine überfordert, ist die Serpentine, d. h. die Schlangenlinie, an deren Wendepunkten die Kehre liegt. Für den Menschen oder das Reit- oder Tragtier ist diese Wendestelle kein Problem, es genügt hier ein einfaches Umdrehen oder Kehrtmachen an Ort und Stelle, um in der gewünschten neuen Richtung fortschreiten zu können. Für das bespannte Fahrzeug, das Kraftfahrzeug oder die Eisenbahn geht das nicht mehr so einfach, es muß zu diesem Zwecke ein Bogen gefahren werden, dessen Krümmungsradius je nach der Bauart des Fahrzeuges gewisse untere Grenzen gezogen sind — und dieser Bogen ist das Problem, das in dieser Arbeit näher untersucht und für das Kraftfahrzeug einer neuen und den tatsächlichen Verhältnissen angepaßten Lösung zugeführt werden soll.

Das Gespannfahrzeug war bis vor wenigen Jahrzehnten die Grundlage aller Verkehrswegebauten und bildete daher auch für die Ausbildung der Kehren die einzige Voraussetzung. Heute aber ist allein das Kraftfahrzeug ausschlaggebend, und die Ausbaugrundsätze sind auch damit fast zur Gänze andere als jene alten;

denn die Länge der Deichsel und die Zugrichtung der Tiere gaben früher den Ausschlag für die geometrische Form der Kurve und führten zu dem Bild der Kehre, wie es in der Abb. 1 gezeigt werden soll.

Hier ist eine rein theoretische Gestaltungsform der Kehre für Gespannfahrzeuge dargestellt. Diese Form ergibt sich unter der Voraussetzung, die auch heute noch fälschlicherweise vielen Kehrenkonstruktionen zugrunde gelegt wird, daß die Außenfahrbahn mit der Kombination Gerade—Kreis—Gerade als Traktrix, d. h. mit der Anschmiegung der Hinterräder gefahren werden soll, während diese Leitlinie für die Innenfahrbahn als Traktor gilt. Die Innenfahrbahn ergibt sich

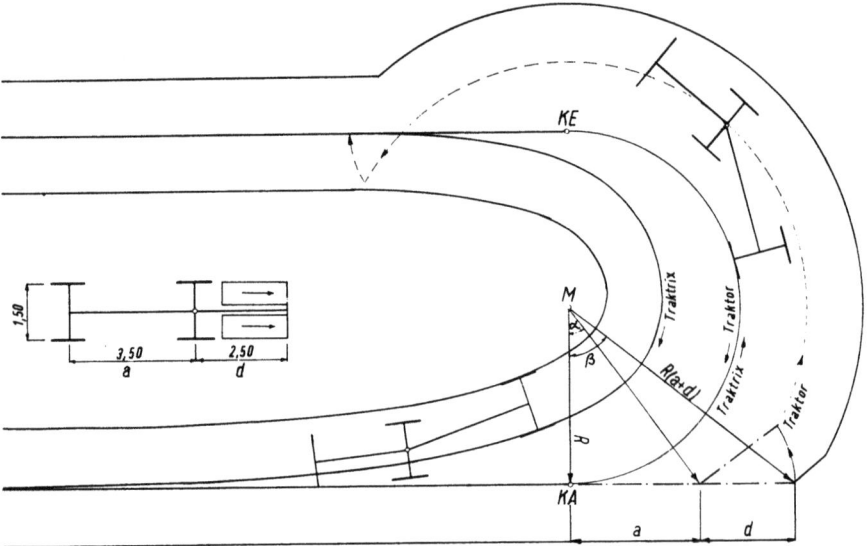

Abb. 1. Kehre für Gespannfahrzeuge. Außenfahrbahn: Hinterräder längs Traktrix Gerade—Kreis—Gerade. Innenfahrbahn: Vorderräder längs Traktor Gerade—Kreis—Gerade

bei der Abb. 1, weil die Voraussetzungen richtig sind, als der Wirklichkeit und der Erwartung entsprechend mit einer stetigen Schleppkurve als Innenrand, während die Außenfahrbahn eine unwahrscheinliche Konstruktion ergibt. Hier müßte nämlich die Deichsel bei Erreichung des Abstandes $a + b =$ Achsstand + Deichsellänge vom Kreisanfang seitwärts, ohne Vorwärtsbewegung, gedreht werden bis zur Erreichung der Tangentialstellung der Deichsel an den zur Traktrix konzentrischen Kreisbogen mit dem Radius $R_a = \dfrac{R}{\cos \alpha}$. Die weitere Bewegung der Deichselspitze müßte dann auf einem Kreisbogen mit dem Radius $R_{(a+d)} = \dfrac{R}{\cos \beta}$ erfolgen, wobei $\operatorname{tg} \beta = \dfrac{a + d}{R}$ ist.

Nach Durchführung dieser Eckbewegungen würden sich die Hinterräder des Gespannfahrzeuges allerdings auf der Traktrix des Kreisbogens mit dem Radius R bewegen. Der Übergang der Laufbahn der Hinterräder in die Gerade bei KE könnte nur durch ein Einschwenken der Deichsel in die Gegenfahrbahn, entsprechend der Zeichnung erfolgen. Daß diese eckigen und unstetigen Bewegungen auf der Außenbahn niemals der Wirklichkeit entsprechen können, liegt auf der Hand.

Die wirkliche Wagenbewegung erfolgt entsprechend der Abb. 2 und ergibt das altgewohnte Bild der klassischen Gebirgskehre mit Gegenbögen vor dem eigentlichen Kehrenbogen. In der Abbildung wurden, um eine bessere Übersichtlichkeit zu erzielen, nur die Traktoren und Traktrices ohne Berücksichtigung der Wagenbreiten dargestellt.

Wenn sich bei dieser Gestaltung der Kehre die Deichsel des außen fahrenden Wagens längs dem dargestellten Traktor bewegt, dann bewegen sich die Hinter-

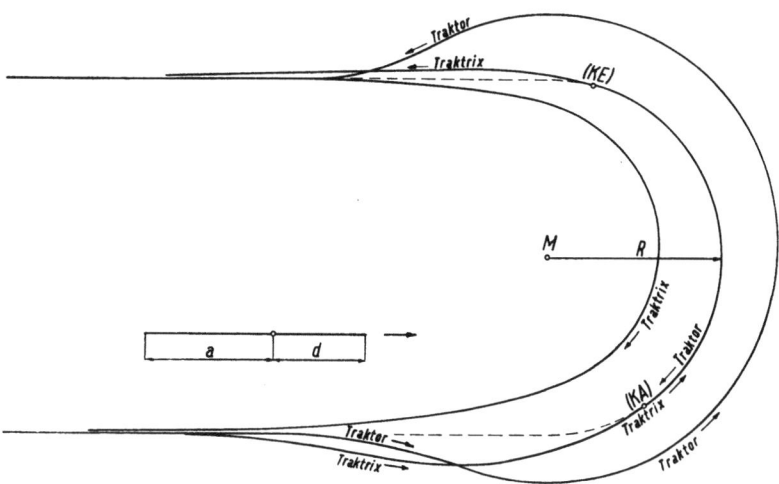

Abb. 2. Gebirgskehre mit Gegenbögen für Gespannfahrzeuge. Außenfahrbahn: Vorderräder längs Traktor. Innenfahrbahn: Vorderräder längs Traktrix des Außentraktors

räder des Wagens längs der Traktrix, welche von (KA) bis (KE) mit dem Kreisbogen vom Radius R identisch ist. Damit soll dargestellt sein, daß durch eine Kehrengestalt, welche vor dem eigentlichen Kehrenbogen einen Gegenbogen angeordnet hat, die Möglichkeit gegeben ist, mit den Hinterrädern des Wagens einem vorgegebenen Kreise zu folgen. Der innen fahrende Wagen folgt mit seinen Vorderrädern dieser Traktrix als Traktor.

Nach diesem Prinzip, das aber wohl nicht theoretisch erkannt, sondern nur aus der Praxis der Fuhrwerker und Wegebauer entwickelt wurde, sind in früherer Zeit alle Gebirgsstraßenkehren angelegt worden und auch heute noch werden Wirtschaftswege, die hauptsächlich mit Gespannfahrzeugen — Traktoren mit Anhängern — befahren werden, so gebaut. Ob nun die Kreisbögen mit Übergangsbögen und Wendelinien zwischen den gegensinnigen Bögen versehen werden sollen, ist eine Frage, auf die später noch näher eingegangen werden soll.

Nach dieser kurzen Schilderung der historischen Entwicklung der Kehre im Straßenbau soll nun der Stand der gegenwärtig maßgebenden Entwicklung aufgezeigt werden.

2. Gegenwärtiger Stand der Entwicklung

Der gegenwärtige Stand der technischen Entwicklung einer Kehre ist der, daß nach einer auf die national orientierten Richtlinien bezogenen Methode, sei es nach den Regelblättern der Schweizer Normvereinigung, Blatt SNV 40198 [1], oder den Deutschen Richtlinien für die Anlage von Landstraßen, II. Teil: Linienführung RAL-L [2], ein Maß für die Kurvenverbreiterung gefunden wird, nach diesen Richtlinien die Kurvenform und die Fahrbahnbreite festgelegt wird und schließlich für die Höhenentwicklung eine Faustformel Anwendung findet, welche besagt, daß im Bereiche der Kehre die Hälfte der Steigung der laufenden Strecke genommen werden soll.

Die Schweizer Richtlinien sind auf Grund von Fahrversuchen mit Omnibussen aufgestellt und geben nach allgemeinen Hinweisen und einigen konkreten Angaben über Minimalradien für zehn Kehrentypen die Daten des Grundrisses in rechtwinkeligen Koordinaten an.

Aus den Deutschen Richtlinien sind lediglich die Verbreiterungsmaße zu entnehmen. Hinweise über die Gestaltung einer Kehre sind nicht enthalten.

In der Literatur wird die Kehre nicht gerade ausführlich bedacht: Neumann [3] weist in wenigen Sätzen auf den möglichen Einfluß des Krümmungswiderstandes und den Ausgleich durch die Ermäßigung der Steigung in der Kehre hin. Die sonstigen Ausführungen beziehen sich hauptsächlich auf die Faustregel, die Steigung in der Kehre auf die Hälfte der anschließenden Steigungen zu ermäßigen. Die sonstige Ausbildung solle wie jede andere Krümmung erfolgen, jedoch wird angeregt, die geodätische Gestalt der Kehre mit Hilfe von Höhenschichtenlinien zu kontrollieren und wenn nötig zu verbessern.

In der nächsten und gegenwärtig letzten Auflage seines Buches weist Neumann [4] etwas ausführlicher auf die Kehren, dort Wendeplatten genannt, hin. Es wird die Notwendigkeit der Anwendung starker Quergefälle angedeutet und daraus die Forderung abgeleitet, wegen der Gefahr des Abgleitens und Querstellens der Fahrzeuge Trennstreifen anzuordnen. Ein Vorschlag von Prof. Findeis über eine Fahrbahnteilung in der Kehre und die Kehre der Achenseestraße werden im Bilde gezeigt und beschrieben, ebenso eine Kehre, welche nach den Richtlinien der RAL 1942 entworfen wurde. Der Gefahrenpunkt der Kehre mit Trennstreifen, dessen Spitze, wird betont. Die Ausführungen geben außer diesen mehr allgemein gehaltenen Hinweisen keine Anleitungen zur Konstruktion einer Kehre.

Die sonstige Literatur ist jedoch nur für Randgebiete und nicht als nur auf Kehren bezogene Hinweise noch in einzelnen Aufsätzen in Fachzeitschriften zu finden:

Gauss und Rautenstrauss [5] geben Hinweise auf die Ausbildung der Straßenkurven unter Berücksichtigung der Spurabweichung der Anhängerfahrzeuge von Kraftwagenzügen.

Guhlmann [6] beschreibt die Anwendung der Schleppkurve bei der Projektierung von Straßen und gibt ein Verfahren zu ihrer Konstruktion an.

Everling und Schoss [7] zeigen eine Methode zur elektronischen Berechnung von Fahrbahnverbreiterungen nach der Schleppkurve.

Alle diese Arbeiten und noch einige andere, aber in diesem Zusammenhang nicht mehr erwähnenswerte, beschäftigen sich nur mit *einem* auf die Kehre anwendbaren Teilgebiet, der notwendigen Fahrbahnverbreiterung und ihrer Ermittlung durch die Schleppkurve.

3. Die neue Theorie der Kehrenentwicklung in allgemeiner Darstellung

Nach diesen Ausführungen über die historische Entwicklung und den gegenwärtigen Stand der Konstruktionsbedingungen einer Kehre, soweit sie aus der Fachliteratur und aus der traditionellen Erfahrung zu entnehmen ist, soll nun die neue Theorie der Kehrenentwicklung in allgemeiner Darstellung geschildert und gleichzeitig ein Überblick über die Probleme, welche dann näher zu behandeln sein werden, gegeben werden.

Vom Verfasser wurden bei vielen Kehrenprojekten Erfahrungen gesammelt, darunter beim Ausbau der Semmering-Nordrampe, beim Neubau der Mariazeller Bundesstraße in Annaberg und Josefsberg, an der Lechtal- und Tannheimer Bundesstraße, bei der Korrektur der Wechsel-Nordrampe, bei der Riederberg-Westrampe und bei vielen Einzelprojekten, wo unzulängliche Kehren neu gestaltet wurden; diese langjährige Erfahrung bei der Projektierung zahlreicher Kehren mit den verschiedensten Anlageverhältnissen, verbunden mit praktischen Fahrversuchen nach ihrem Ausbau, hat die Notwendigkeit der intensiven Beschäftigung mit diesem Spezialgebiet des Straßenbaues mit sich gebracht und eine Fülle von Erkenntnissen ergeben.

Im folgenden sollen nun diese neuen Gesichtspunkte und Ergebnisse dargestellt werden:

Als erstes soll festgestellt werden, daß jede Kehre als Einzelstück anzusehen ist, daß keine Normen im üblichen Sinne und keine Tabellenwerke für alle denkbaren Möglichkeiten aufgestellt werden können. Demnach ist jede Kehre für sich neu zu projektieren.

Eine Kehre ist immer als räumlich gekrümmte Fläche anzusehen und somit ist auch immer Grund- und Aufriß kombiniert und in Relation zueinander zu betrachten.

Die Gesetze der Fahrdynamik haben bei der Kehre nur in einem beschränkten Maße die ihnen in üblicher Weise zukommende Gültigkeit, denn die Kehre wird immer im Zuge der Straße ein Fremdkörper sein und sich in krasser Weise von der übrigen Strecke unterscheiden. Wenn AUBERLEN [8] in seinem Werke die Zeit als wichtigsten Faktor in seine Betrachtungen einsetzt und daraus seine Schlüsse auf die Fahrzeugkinematik zieht, so ist das für das Fahren auf zügig ausgebauten Straßen richtig, aber nicht für derart starke Änderungen der Ausbauelemente, wie sie nun einmal von einer Kehre im Zuge einer Straße hervorgerufen werden. Jedenfalls ist es unmöglich, eine Kehre derart auszubilden, daß „das Fahrzeug fast ohne willkürlichen Lenkradeinschlag durch die Kurve kommt und es nur leichter Regulierungen am Gashebel bedarf, um das Fahrzeug gut in seiner Bahn zu halten". Es *muß* vor jeder Kehre unter normalen Verhältnissen *stark* gebremst, das Lenkrad kräftig gedreht und nach der Kehre wieder beschleunigt werden. Das gilt sowohl für die Berg- als auch für die Talfahrt.

Eine der Theorie und den tatsächlich auftretenden Bedingungen entsprechende Ausbildung der Kehre hat folgende Untersuchungen anzustellen und auszuwerten:

a) Die Stellung des Wagens im Bereiche der gesamten Kehre ist graphisch, durch einen Modellversuch oder durch mathematische Ableitung zu bestimmen. Nach dieser Ermittlung, welche die Schleppkurve ergibt, ist auch die Evolute dieser Kurve darzustellen, denn mit deren Hilfe kann für jede Stelle der Kehre unmittelbar und direkt sowohl die Wagenstellung als auch der Momentanradius, der dieser Stellung entspricht, abgelesen werden.

b) Auf Grund der vorherigen Untersuchung ist mit Berücksichtigung des vorderen und hinteren Fahrzeugüberstandes die notwendige Kurvenverbreiterung zu ermitteln.

c) Aus dem aus der Evolute der Schleppkurve ablesbaren Momentenradius der Wagenstellung kann das Krümmungsbild der Wagenbewegung (mit einer neuen Bezeichnung als Krümmungsbild der Fahrkurve zu definieren) $1/R$ ermittelt und aufgetragen werden.

d) Dieses Krümmungsbild erlaubt die exakte Festlegung der notwendigen Querneigung für jede Stelle der Kehre. Im besonderen kann mit dieser Methode vermieden werden, daß an einzelnen Stellen der Kehre zu große Querneigungen — wie es bei früheren Konstruktionen manchmal vorgekommen ist — ausgeführt werden. Damit wird die Gefahr eines unvermuteten Zuges des Wagens zur Bogeninnenseite vermieden. Gleichzeitig kann auch die Anrampung der Fahrbahnränder festgelegt werden, und damit ist die Überleitung zum zweiten Hauptabschnitt, der Höhenentwicklung, im Bereiche der Kehre gegeben.

e) Die Höhenentwicklung muß auf die Konstanthaltung des Produktes aus Kurven- und Steigungswiderstand Bedacht nehmen und eine möglichst große Annäherung erreichen. Nicht weniger wichtig ist aber auch die einwandfreie geodätische Gestaltung der räumlichen Fläche der Kehre, vor allem die Vermeidung von Einbuchtungen und Säcken.

f) Die Forderung nach der konstanten Größe des Produktes aus Kurvenwiderstand und Steigungswiderstand führt zu dem Gedanken einer Trennung der Fahrbahnen für die Berg- und für die Talfahrt, aber nicht aus den Gründen, die früher angegeben wurden (Rutschen der Fahrzeuge), sondern weil die Bedingungen, denen die Wagen bei den zwei entgegengesetzten Fahrtrichtungen unterworfen sind, gänzlich voneinander verschieden sind.

4. Die Schleppkurve

Die Schleppkurve ist die Übergangskurve im Straßenbau, und sie entspricht auch, wie vom Verfasser [9] nachgewiesen wurde, in ihrer Länge den fahrdynamisch notwendigen Werten.

Diese fahrdynamisch zweckmäßige „Übergangsbogenlänge" soll im folgenden an einem Beispiel erläutert werden. Auf die Möglichkeit des Bremsens im unmittelbaren Bereiche der Kehre muß dabei aber verzichtet werden, denn man kann eine Kehre mit einem Radius von beispielsweise $H = 10$ m nicht mit einer Geschwindigkeit von $V = 80$ km/h anfahren und dabei noch hoffen, im Übergangsbogen auf die für den Bogen $H = 10$ m zulässige Geschwindigkeit von $V_{gr} = 5{,}77 \cdot \sqrt{10} = 18{,}2$ km/h herunterbremsen zu können.

In der nun folgenden, von SCHRAMM [10] gegebenen Ableitung, die der Berechnung eines Beispieles zugrunde gelegt wird, bedeuten

V die Geschwindigkeit des Fahrzeuges in km/h,
H der Kreishalbmesser in m,
l die Wegstrecke in m,
q_{gr} die größte zulässige Straßenquerneigung in %,
q_r die Regelquerneigung in %,
p_{gr} die größte Seitenbeschleunigung, welche vom Kraftfahrer in Kauf genommen wird in m/s²,
$p' = \dfrac{dp}{dt}$ die Änderung der Seitenbeschleunigung in der Zeiteinheit.

Die größte zulässige Querneigung wird für die freie Strecke im allgemeinen mit $q_{gr} = 6\%$ anzunehmen sein, in den Kehren werden jedoch wesentlich höhere Werte angewendet:

$$q_{gr} = 12 - 16\%. \qquad (1)$$

Die Regelquerneigung soll als die Hälfte der ausgleichenden Querneigung, bei der keine Seitenbeschleunigung auftritt, angenommen werden, somit ist sie

$$q_r = 0{,}392 \cdot \frac{V^2}{H}. \qquad (2)$$

Für die Seitenbeschleunigung soll der Erfahrungswert

$$p_{gr} = 1{,}47 \text{ m/s}^2 \qquad (3)$$

angenommen werden. Diesem Wert entspricht die Ausnutzung eines Reibwertes $\mu = 0{,}15$ für die Sicherheit gegen das Quergleiten des Fahrzeuges.

Die Änderung der Seitenbeschleunigung in der Zeiteinheit soll mit

$$p' = \frac{V}{3{,}6 \cdot l} \cdot p \text{ m/s}^3 \qquad (4)$$

angesetzt werden. Es gibt auch hiefür einen aus Versuchen bestimmten Erfahrungswert:

$$p' = 0{,}4 \text{ m/s}^3. \qquad (5)$$

Bei gegebener Geschwindigkeit V, Querneigung q und Halbmesser des Kreises H, ist die Seitenbeschleunigung

$$p = \frac{V^2}{13 \cdot H} - \frac{q}{10{,}2}. \qquad (6)$$

Die Lösung dieser Gleichung ergibt, wenn für $p = p_{gr} = 1{,}47$ m/s² und für $q = q_{gr} = 12$ bzw. 16% eingesetzt wird

$$1{,}47 = \frac{V^2}{13 \cdot H} - \frac{12}{10{,}2} \quad \text{bzw.} \quad 1{,}47 = \frac{V^2}{13 \cdot H} - \frac{16}{10{,}2},$$

somit

für $q = 12\%$: $V^2 = 33{,}3 \cdot H$

und

für $q = 16\%$: $V^2 = 39{,}6 \cdot H$

oder nach den zwei gewünschten Antworten aufgeteilt:

Die größte zulässige Geschwindigkeit bei gegebenem Bogenhalbmesser beträgt

$$\left.\begin{array}{l} \text{für} \quad q = 12\%: \; V_{gr} = 5{,}77 \cdot \sqrt{H}, \\ \text{für} \quad q = 16\%: \; V_{gr} = 6{,}30 \cdot \sqrt{H}. \end{array}\right\} \quad (7)$$

Der kleinste zulässige Halbmesser bei gegebener Geschwindigkeit ergibt sich aus der Gleichung:

$$\left.\begin{array}{l} \text{für} \quad q = 12\%: \; H_{kl} = \dfrac{V^2}{33{,}3}, \\ \text{für} \quad q = 16\%: \; H_{kl} = \dfrac{V^2}{39{,}6}. \end{array}\right\} \quad (8)$$

Die fahrdynamisch zweckmäßige und entsprechende Übergangsbogenlänge erhält man nun, wenn in Gl. (4)

$$p' = p_{gr}' = 0{,}4 \text{ m/s}^2$$

gesetzt wird, und nach Gl. (6) ergibt sich dann

$$\left.\begin{array}{l} p' = \dfrac{V}{3{,}6 \cdot l} \cdot p, \\ 0{,}4 = \dfrac{V}{3{,}6 \cdot l} \cdot \left(\dfrac{V^2}{13 \cdot H} - \dfrac{q}{10{,}2}\right), \\ l = \dfrac{V}{3{,}6 \cdot 0{,}4} \cdot \left(\dfrac{V^2}{13 \cdot H} - \dfrac{q}{10{,}2}\right), \\ l = \dfrac{V^3}{18{,}7 \cdot H} - \dfrac{V \cdot q}{14{,}7}. \end{array}\right\} \quad (9)$$

Auf das angenommene Beispiel mit $H = 10$ m; $V = 18{,}2$ km/h; $q = 12\%$ angewendet, wird die notwendige Übergangsbogenlänge mit

$$l = \frac{18{,}2^3}{18{,}7 \cdot 10} - \frac{18{,}2 \cdot 12}{14{,}7} = 17{,}5 \text{ m}$$

errechnet. Für eine Querneigung von 16% im Kehrenbogen ergibt sich die fahrdynamisch notwendige Übergangsbogenlänge mit 21,0 m.

Diese Werte entsprechen in sehr guter Annäherung den Längen der Schleppkurven bis zu ihrer praktisch erkennbaren asymptotischen Annäherung an den Endkreis bei der Einfahrt in die Kehre oder an die Gerade bei der Ausfahrt. Es erscheint damit nochmals bewiesen, daß die vom Fahrzeug gefahrene Schleppkurve dem hypothetischen Übergangsbogen entspricht, daß das Straßenfahrzeug seinen Übergangsbogen gewissermaßen in sich trägt und es daher nicht notwendig ist, in der Fahrbahn selbst Übergangsbögen vorzuzeichnen.

Wie schon eingangs angedeutet, ist diese vorstehende Berechnung nur für die Durchfahrung des Übergangsbogens (der Schleppkurve) mit gleichbleibender Geschwindigkeit gültig. Denn um ein Fahrzeug, wie angenommen, von $V_a = 80$ km/h auf $V_{gr} = 18{,}2$ km/h abzubremsen ist ein Bremsweg von

$$b = \frac{V_a^2 - V_{gr}^2}{26 \cdot \mu \cdot g} \quad (10)$$

nötig.

Hiebei bedeuten

b = Bremsweg in m,

V_a und V_{gr} = Geschwindigkeiten in km/h,

μ = genutzter Reibungsbeiwert zwischen Reifen und Straßenoberfläche beim Bremsen,

g = Erdbeschleunigung in m/s²,

mit $\mu = 0{,}4$ und $g = 9{,}81$ m/s² wird

$$b = \frac{V_a{}^2 - V_{gr}{}^2}{102}, \qquad (11)$$

und für unser Beispiel ergibt sich ein notwendiger Bremsweg von $b = 60{,}6$ m, also dreimal so lang als der Übergangsbogenbereich.

Die herkömmliche Annahme, daß zwei Fälle für die Kurvenfahrt und damit für die Konstruktion der Schleppkurve unterschieden werden müssen, nämlich

a) die Kurvenverbreiterung ist am Kurven*innen*rand möglich (Rechtskurve), d. h. daß die Fahrlinie gegeben ist und die zugehörige Schleppkurve gesucht wird,

b) die Fahrspurverbreiterung ist am Kurven*außen*rand möglich (Linkskurve), dann wäre die Schleppkurve gegeben und die zugehörige Fahrlinie gesucht,

ist bei Kehren *unrichtig*, denn nur der Fall a) ist in der Praxis möglich, nämlich die Fahrt mit den Vorderrädern längs einer vorgezeichneten Fahrlinie und nicht die Anpassung der Hinterräder an eine vom Fahrer aus nicht erkennbare Leitlinie. Das ist eine Hypothese, die zwar vom Gesichtspunkte der Vereinfachung aus betrachtet verständlich ist, jedoch nicht der Wirklichkeit entspricht. Der richtige Weg der Konstruktion ist der, daß immer mit dem äußeren Fahrbahnrand begonnen werden muß, als erstes Ergebnis die „Achse" als Schleppkurve erhalten wird und diese Linie dann als Traktor für die Ermittlung der inneren Schleppkurve verwendet wird. Die Ausgleichung erfolgt dann wieder retrospektiv so, daß die erste, mittlere, Schleppkurve als Straßenachse genommen und in ein analytisch erfaßbares Bild gebracht wird. Somit ergibt sich für den Kehrenaußenrand die exakte Folge Gerade—Kreisbogen—Gerade, während die Achse und der Innenrand nach der Schleppkurve konstruiert sind.

Eine Unterscheidung zwischen Rechts- und Linksbogen ist bei den Schleppkurvenuntersuchungen nicht zu machen. Die Empfehlung der RAL-L anzunehmen wäre falsch, zur Vereinfachung immer nach Fall a) zu rechnen und die so ermittelte Verbreiterung zur Kurvenaußenseite hin abzustecken. Das ergäbe sehr große Fehler, wie die Untersuchungen gezeigt haben. Jedenfalls ist nicht einzusehen, warum der Lenker eines Kraftfahrzeuges das eine Mal mit den Vorderrädern, das andere Mal mit den Hinterrädern einer vorgegebenen Spur folgen soll, nur deshalb, weil dadurch die Konstruktion der Schleppkurve bzw. der Begrenzung der Fahrbahnfläche einfacher wird.

5. Die mathematische Darstellung der Schleppkurve

Nach EVERLING und SCHOSS [7] lautet die Ableitung und die Gleichung der Schleppkurve, wenn die Punkte der Fahrlinie (des Traktors) mit den Koordinaten $x;y$ und jene der Schleppkurve (der Traktrix) mit $u;v$ bezeichnet werden:

$$\frac{v'(s)}{u'(s)} = \frac{y-v}{x-u},$$

wobei

$$u' = \frac{du}{ds} \quad \text{und} \quad v' = \frac{dv}{ds}$$

ist.

Anders geschrieben:

$$(y-v)\,u' - (x-u)\,v' = 0. \tag{12}$$

Bei konstantem Maße D, dem Abstand vom Drehpunkt der Vorderräder zu den Hinterrädern (Radstand) gilt der pythagoreische Lehrsatz

$$(x-u)^2 + (y-v)^2 = D^2.$$

Differenziert nach s

oder
$$\left.\begin{array}{c}(x-u)(x'-u') + (y-v)(y'-v') = 0 \\ (x-u)\,u' + (y-v)\,v' = (x-u)\,x' + (y-v)\,y'.\end{array}\right\} \tag{13}$$

Das System der Gln. (12) und (13) kann nach $u'(s)$ und $v'(s)$ aufgelöst werden:

$$u'(s) = \frac{x-u}{D^2} \cdot [(x-u)\,x' + (y-v)\,y'], \tag{14}$$

$$v'(s) = \frac{y-v}{D^2} \cdot [(x-u)\,x' + (y-v)\,y']. \tag{15}$$

Die Gln. (14) und (15) werden am besten nach dem Verfahren von RUNGE-KUTTA gelöst, d. h. ausgehend von einem Anfangspunkt u_0, v_0, der auf der Geraden vor der Kurve liegt, werden Schritt für Schritt die Koordinaten u_1, v_1 berechnet. Hiebei ist, wenn die Rechnung manuell durchgeführt wird, besonderes Augenmerk auf ständige Kontrollen und auf die richtige Wahl der Schrittweiten zu richten. Die ständigen Kontrollen sind nötig, weil sich jeder Fehler in der gesamten folgenden Rechnung fortpflanzt und diese unbrauchbar macht. Die richtige Schrittwahl ist auch deshalb von besonderer Bedeutung, weil dieses Verfahren besonders empfindlich gegen zu große Schrittweiten ist. Wohl sind die Fehler bei dem Verfahren von der Ordnung h^5, was zwar bedeutet, daß Fehler bei einer Verkleinerung der Schrittweite sehr rasch abnehmen, aber umgekehrt bei einer Vergrößerung auch sehr rasch zunehmen. Bei elektronischer Berechnung fallen diese Einwände und Rücksichten natürlich fort, denn da können die Schritte sehr klein gewählt und damit die Genauigkeit beliebig gesteigert werden. Für diese Rechenmethode wurde von IBM ein Programm entwickelt, das mit Vorteil die elektronische Berechnung der Fahrbahnverbreiterungen nach der Schleppkurve gestattet, wobei aber die einschränkende

Feststellung zu machen ist, daß hier auch in Linksbögen die Straßenachse als Schleppkurve betrachtet und die Fahrspurverbreiterung durch die nach rechts geschobene zugehörige Fahrlinie ermittelt wird. Diese vereinfachende Annahme muß bei der elektronischen Achsberechnung getroffen werden, denn es gibt noch kein Programm, bei dem im Bereiche der Bögen, deren Fahrbahn verbreitert werden soll, die Achse als Schleppkurve des äußeren Fahrbahnrandes eingesetzt wird.

Eine wesentlich ansprechendere Lösung als dieses schrittweise Vorwärtstasten von einem Punkt zum anderen, das wohl den Bedingungen der elektronischen Berechnung am besten entgegenkommt, ist durch den Übergang in die komplexe Zahlenebene möglich.

C. ZWIKKER [11] gibt die Lösung in allgemeiner Form mit

$$z_{ix} = u + \frac{i - \exp u}{i + \exp u} \tag{16}$$

an, und es ist mit diesem Ansatz möglich, eine Gleichung für die Traktrix zu einem bestimmten Traktor zu gewinnen. Das geht relativ einfach, wenn der Traktor aus der Folge Gerade—Kreis—Gerade besteht, aber es bedarf bereits eines ungleich vermehrteren und erschreckend hohen Arbeitsaufwandes, wenn diese gewonnene Traktrix als Traktor für die nächste Schleppkurve dienen soll; und dieser Schritt ist nicht zu umgehen, er ist als Untersuchung der inneren Fahrspur einer Kehre unbedingt durchzuführen.

Über die mathematische Erfassung und Darstellung der Schleppkurve kann als Resümee gesagt werden, daß sich der Aufwand nicht lohnt und daß einige unbedingt notwendige Untersuchungen (Wagen mit Anhänger, Sattelschlepper, Gelenkzüge) mathematisch gar nicht erfaßbar sind.

Wesentlich einfacher, schneller und übersichtlicher, bei vergleichbarer Genauigkeit läßt sich die Schleppkurve mit graphischen Konstruktionen oder durch Modellversuche darstellen, wobei auch Varianten der Fahrzeuge viel übersichtlicher in die Untersuchungen mit einzubeziehen sind.

6. Die graphische Ermittlung der Schleppkurve

Die Konstruktion der Schleppkurve ist nach verschiedenen in der Literatur angegebenen Verfahren möglich. Allen diesen Methoden ist die schrittweise Konstruktion, aufbauend auf den vorher erhaltenen Zwischenergebnissen gemeinsam. Es ist damit schon gesagt, daß diese graphischen Verfahren mit größtmöglicher Genauigkeit und somit auch in möglichst großem Maßstabe durchzuführen sind.

a) HAUSKA [12] zeigt eine einfache und rasch ausführbare Konstruktion, die aber nur dann einigermaßen brauchbare und zutreffende Ergebnisse liefert, wenn die Schrittweiten auf der Leitkurve (dem Traktor) sehr klein gewählt werden.

Vom Übergang der Geraden in die Krümmung an werden kleine, gleich große Abschnitte (Schrittweiten) vorgezeichnet. Diese Punkte seien mit $P_1, P_2, P_3 \ldots P_n$ bezeichnet. Von diesen Punkten wird die Achslänge a auf der vorangehenden Sehne abgetragen und damit die Punkteschar $O_1, O_2,$

$O_3 \ldots O_n$ gefunden. Die Verbindungslinien $O_1 P_1$, $O_2 P_2$, $O_3 P_3 \ldots O_n P_n$ sind die Umhüllenden der Kurve und somit die Schleppkurve.

Die Methode ist auch bei sehr klein gewählten Schrittweiten, die damit auch eine langwierige Konstruktion bedingen, nur als Näherungslösung zu betrachten, weil niemals die Endstellung des Wagens erreicht wird, somit die Verbreiterungen in der Kurve zu klein ausfallen würden und der konstruierte Radius zu groß wäre.

Bei der in Abb. 3 gezeigten Konstruktion, bei welcher das Verhältnis von Achsstand zu Kreisradius des Traktors mit 1 : 2 gewählt wurde, ein bewußt

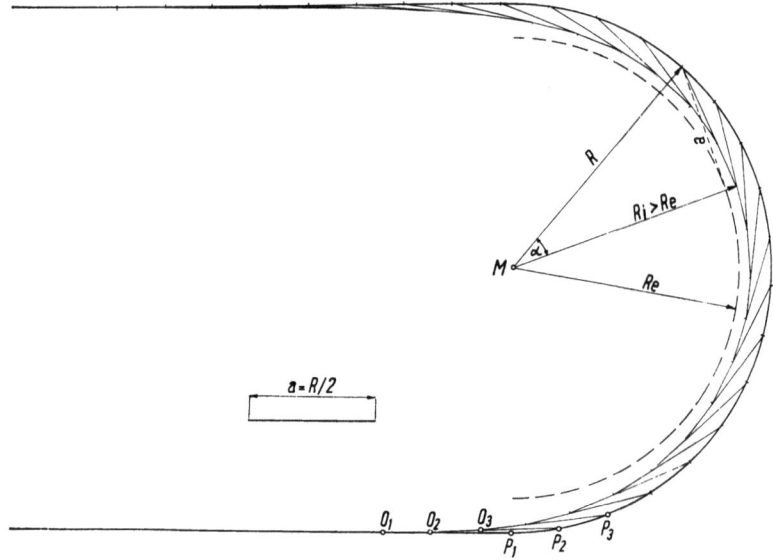

Abb. 3. Konstruktion der Schleppkurve nach HAUSKA

ungünstig ausgesuchtes Verhältnis, bei dem aber die Mängel einer Konstruktionsmethode besonders deutlich zutage treten, wird nach der Methode Hauska eine Endstellung erreicht, die nur 88% der wirklichen Wagenstellung beträgt. Die Endstellung soll mit einem Kreise von $R_e = R \cos \alpha = R \cdot 0{,}8660$ bezeichnet sein, wobei $\sin \alpha = \dfrac{a}{R} = \dfrac{a}{2a} = \dfrac{1}{2}$ und $\cos \alpha = \dfrac{R_e}{R}$ ist.

b) Die Konstruktion von GUHLMANN [6] zeigt die beste, fast völlige Übereinstimmung mit der tatsächlichen Schleppkurve. Die Genauigkeit des Ergebnisses ist auch nicht so sehr von den gewählten Schrittweiten abhängig, wie bei HAUSKA.

Die Konstruktion wird folgendermaßen durchgeführt: Man trägt, wie bei HAUSKA, vom Bogenanfang an auf der von den Vorderrädern beschriebenen Kurve gleiche Abschnitte $P_1, P_2, P_3 \ldots P_n$ ab, die nicht größer als $\dfrac{a}{2}$ sein sollen. Jetzt wird jedoch zunächst der Punkt P_1 mit dem Punkt O verbunden, dann von P_1 der Achsabstand a auf $O—P_0$ abgesetzt und der so erhaltene Punkt N_1 mit P_2 verbunden. Von P_2 wird nun a auf $O-P_1$ abgesetzt und N_2 mit P_3 verbunden, von P_3 wird a auf N_1-P_2 abgetragen und

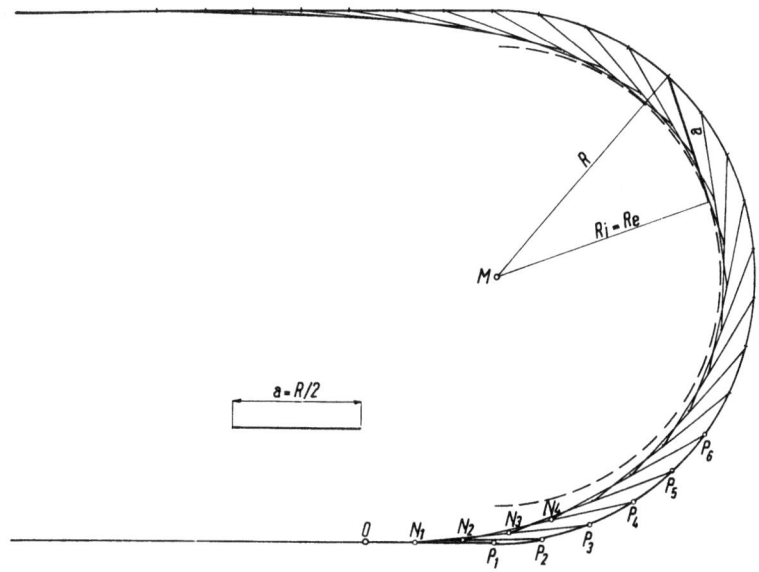

Abb. 4. Konstruktion der Schleppkurve nach GUHLMANN

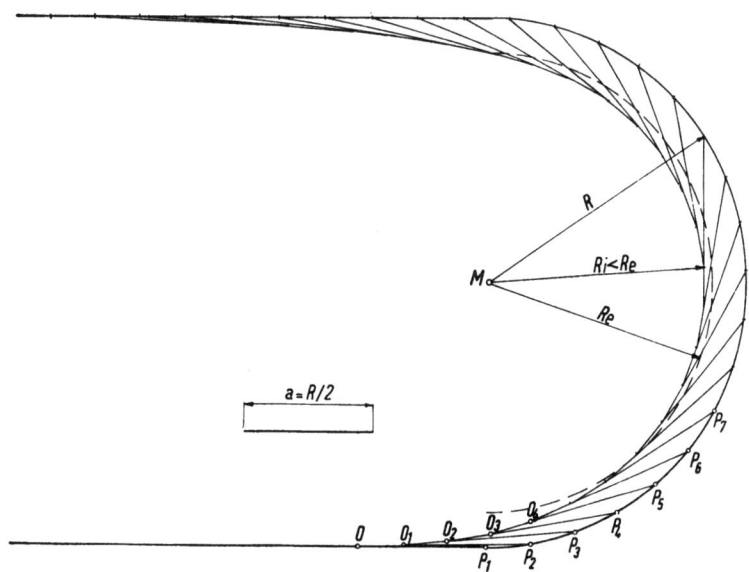

Abb. 5. Konstruktion der Schleppkurve nach TENNER

der so erhaltene Punkt N_3 mit P_4 verbunden usw. Es ergibt sich so die Umhüllende der Schleppkurve. Die Konstruktion ist in Abb. 4 dargestellt. Der

Winkel zwischen der Tangente der Außenkurve und der Tangente der Innenkurve ist der jeweilige Einschlagwinkel der Lenkung.

Das Verfahren von GUHLMANN wurde wegen seiner zutreffenden Ergebnisse als Grundlage der von der RAL-L angegebenen Maße für die Fahrbahnverbreiterung in der Kurve verwendet.

c) TENNER [13] gibt eine Konstruktion an, die ähnlich jener von HAUSKA ist, aber als Bewegungsrichtung der Hinterräder nicht die Richtung der vorhergehenden, sondern die Richtung der neuen Fahrzeugachse annimmt.

Auf dem Traktor werden kleine, gleich große Abschnitte aufgetragen und mit P_1, P_2, P_3 ... P_n bezeichnet. In der Anfangsstellung wird der Abstand a aufgetragen und der Punkt O gefunden. O wird nun mit P_2 verbunden. Auf OP_2 wird a aufgetragen, O_1 gefunden und nun O_1 mit P_3 verbunden usw. Die Konstruktion ist in Abb. 5 dargestellt. Der gefundene Linienzug soll als Umhüllende der Schleppkurve angesehen werden, ergibt aber in jedem Falle, auch bei der Wahl sehr kleiner Schrittweiten, zu große Abweichungen, allerdings nach der sicheren Seite. Die auf diese Weise ermittelten Fahrbahnverbreiterungen sind zu groß, und zwar um 28% bei denselben Verhältnissen wie bei dem bei HAUSKA gezeigten Beispiel. Der Radius der Endstellung des Wagens wird sehr bald und viel zu früh (bereits nach der zweifachen Wagenlänge) nach dem Beginn des Bogens erreicht.

Zusammenfassend kann somit als Ergebnis dieses kritischen Vergleiches der drei bekanntesten Methoden der graphischen Ermittlung der Schleppkurve die Konstruktion nach GUHLMANN als die bei weitem zutreffendste angesehen werden.

7. Die Ermittlung der Schleppkurve im Modellversuch

Für ein Einzelfahrzeug mag die Ermittlung der Schleppkurve nach einer mathematischen Methode oder ihre Konstruktion auf graphische Weise noch zweckentsprechend sein, oder mit dem Arbeitsaufwand in noch erträglichem Einklang stehen. Für Wagen mit einem oder gar mehreren Anhängern oder für Sattelschlepper kann aber die Auffindung der Schleppkurve nur mehr mit einem Modellversuch empfohlen werden. Denn die in der RAL-L angewendete Methode des Ersatzes des Lastzuges durch eine sogenannte „Reduzierte Deichsellänge" gilt nur für die Endstellung des Lastzuges. Dieses Ersatzfahrzeug hätte wohl dieselbe Spurabweichung in der Endstellung wie der zu untersuchende Lastzug, liefert aber keine, dem ursprünglichen Lastzug entsprechende Schleppkurve, da beim Lastzug der Einlauf und auch der Auslauf eher erfolgt als bei dem Ersatzfahrzeug. Es bleibt also zur genauen graphischen Ermittlung der Schleppkurve eines Lastzuges nur die Möglichkeit, ausgehend von der Kurve der Hinterräder des Motorwagens, den Kupplungsüberhang entsprechend der jeweiligen Fahrzeugstellung nach außen abzusetzen und von der so entstehenden neuen Kurve aus nach dem beschriebenen Verfahren die Schleppkurve für die Vorderräder des Anhängers und dann, von dieser als Traktor ausgehend wiederum die Schleppkurve für die Hinterräder des Anhängers zu zeichnen.

Ein langwieriges, unübersichtliches und kompliziertes Verfahren, das wohl mit einer graphischen Konstruktion noch durchführbar ist, dessen mathematische Erfassung aber nicht mehr sinnvoll ist.

Allen diesen Schwierigkeiten, einschließlich der möglichen Fehlerquellen durch Irrtümer und Ungenauigkeiten geht die im Folgenden beschriebene Ermittlung der Schleppkurve durch den Modellversuch aus dem Wege.

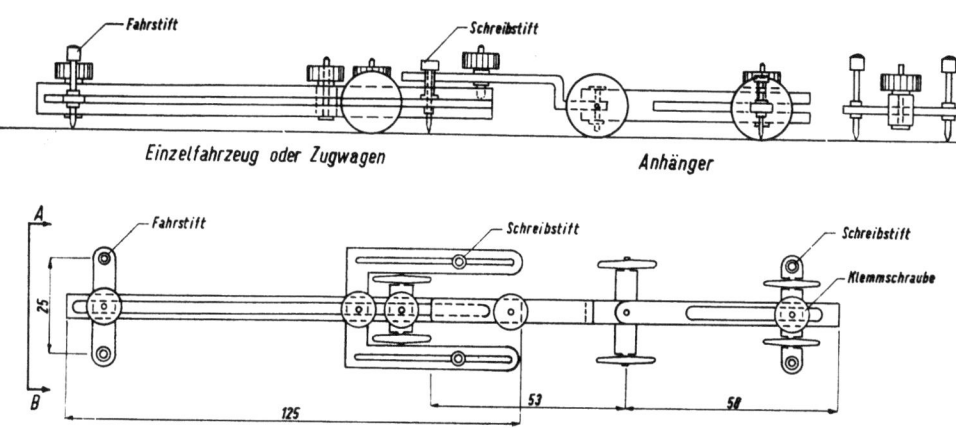

Abb. 6. Modell

Das für die Konstruktion benötigte Gerät ist in Abb. 6 schematisch dargestellt. Der Modellmaßstab ist am zweckentsprechendsten 1 : 100, da in diesem Maßstab auch der kotierte Lage- und Höhenplan der Kehre gezeichnet werden soll.

Mit diesem Modell lassen sich sowohl die Wagenstellungen und Schleppkurven für das Einzelfahrzeug — vom PKW bis zum Lastwagen oder Omnibus — als auch für den Lastzug ermitteln. Für die Schleppkurvenermittlung des Sattelschleppers ist ein eigenes Modell des aufgelegten Einachsanhängers notwendig.

Die Handhabung des Gerätes ist denkbar einfach, so daß sich eine nähere Erläuterung erübrigt. Die Anschaffung des Apparates rentiert sich jedenfalls wegen der großen Zeit- und Arbeitsersparnis schon für die Konstruktion einiger weniger Kehren. Außerdem bewährt es sich bei der Konstruktion und bei der Überprüfung der Zweckmäßigkeit der Fahrspuren bei der Ausbildung von Straßeneinmündungen, kanalisierten Kreuzungen mit Leitspuren aus Bodenmarkierungen oder Hochbordinseln und Randsteinführungen.

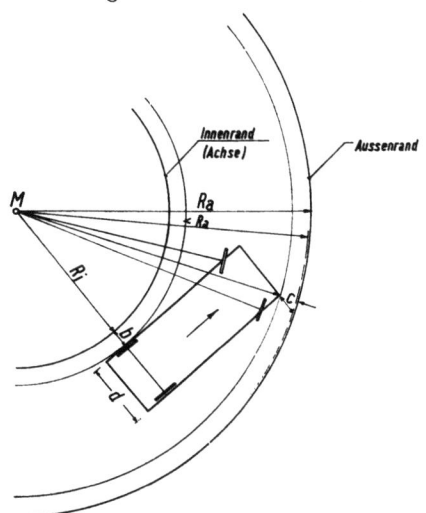

Abb. 7. Spielräume im Bogen.
$b =$ innerer Spielraum, $c =$ äußerer Spielraum

Es sei noch darauf hingewiesen, daß die Sicherheitsabstände zur Bogenaußen- bzw. -innenseite und zur Achse gesondert als Parallelkurven zur gefundenen Schleppkurve gezeichnet werden müssen, denn eine, manchmal in Vorschlag gebrachte, Verbreiterung des Modelles auf die halbe Fahrbahnbreite zur Ersparnis der nachmaligen Zeichenarbeit würde falsche, zu geringe Werte der Kurvenverbreiterung ergeben. In der Abb. 7 wird am dargestellten Maße „c", dem äußeren Spielraum, sichtbar, daß bei der Auftragung dieses Maßes senkrecht zur Fahrzeugachse eine zu kleine Verbreiterung ermittelt werden würde.

8. Die Evolute der Schleppkurve

Die Evolute der Schleppkurve, der geometrische Ort der Krümmungsmittelpunkte der Fahrzeugstellungen, ergibt ein gutes und übersichtliches Hilfsmittel, einerseits zur Kontrolle der Richtigkeit der ermittelten Schleppkurve, anderseits für die Angabe des Krümmungsbildes der Wagenbewegung. Außerdem kann mit ihrer Hilfe für jeden Punkt der Kehre die notwendige Verbreiterung der Fahrbahn rasch ermittelt werden. Es sind für eine Kehre, unter normalen Verhält-

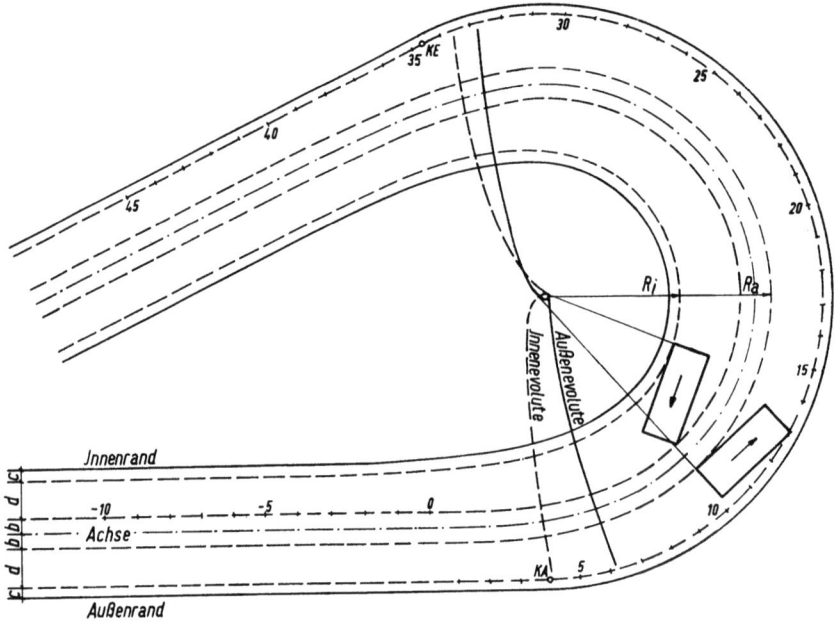

Abb. 8. Evoluten der Schleppkurve

nissen, für vier Fahrzeugtypen Untersuchungen nach der Schleppkurve anzustellen und in die Evolutendarstellung zu übertragen: für den Omnibus, den LKW mit Anhänger, den Sattelschlepper und den PKW (zur Bestimmung des Maßes der Querneigung für die Höchstgeschwindigkeit). Da jede dieser Konstruktionen für beide Fahrbahnen durchzuführen ist, ergibt sich die Erkenntnis der Überlegenheit des Modellversuches, wenn man einen übermäßigen Arbeitsaufwand vermeiden will.

In der Abb. 8 ist für ein Einzelfahrzeug, vom Außenrand ausgehend, die Schleppkurve nach GUHLMANN konstruiert (die graphische Konstruktion wurde hier aus Gründen der Anschaulichkeit gewählt) und dann mit Beachtung der notwendigen Spielräume auch die Konstruktion für die Innenfahrbahn durchgeführt. Die Evoluten ergeben in anschaulicher Art die Orte der Krümmungsmittelpunkte.

Die Evolute der Außenfahrbahn ist, wie aus der Abb. 8 zu entnehmen ist, eine Kurve, die ihren Ursprung im Unendlichen im Abstande a vor dem Beginn des Kreisbogens hat und relativ rasch an den Mittelpunkt des Kreises herankommt. An jener Stelle, die auf der Evolute der Wagenstellung, bei der die Vorderräder das Ende des Kreises und somit den Beginn der Geraden erreicht haben, entspricht, hat die Evolute einen singulären Punkt in Form eines Rückkehrpunktes zweiter Art.

In der praktisch erreichbaren Genauigkeit der graphischen Konstruktion oder des Modellversuches wird dieser Rückkehrpunkt nach Durchfahrt eines Halbkreises mit dem Kreismittelpunkt identisch sein. Nach KE wandert die Evolute wieder gegen Unendlich aus, ohne daß hier aber eine asymptotische Annäherung an eine zur Grundgeraden errichtete Senkrechte erreicht wird.

Die Evolute der Innenfahrbahn ist annähernd antimetrisch.

Die Darstellung der Evolute erfolgt mit einer graphischen Konstruktion durch Errichtung von Senkrechten zur Schleppkurve in Abständen des Achsabstandes, wodurch die Umhüllende der Evolute gefunden wird.

9. Die Achsberechnung

Nach Durchführung der Schleppkurvenuntersuchung entsprechend der Abb. 8 für die vorher angegebenen Fahrzeugtypen wird es notwendig sein, die Umhüllende (Enveloppe) aller Schleppkurven zu zeichnen, um derart mit Sicherheit alle Abweichungen vom Geradlauf durch die Kurvenverbreiterungen aufnehmen zu können; denn es ist keineswegs so, daß ein bestimmter Fahrzeugtyp durchwegs die größten notwendigen Verbreiterungen ergibt. Es kann sein, daß für einen bestimmten Teil der Kehre der Sattelschlepper, für einen anderen der Omnibus und für wieder einen anderen der LKW mit Anhänger die maßgeblichen größten kritischen Werte der Kurvenverbreiterung ergeben.

Immer ist aber, unter Berücksichtigung der auf Seite 9 erwähnten Gesichtspunkte, mit der Schleppkurvenkonstruktion am Außenrand zu beginnen.

Beim Vergleich der Enveloppen der Fahrbahnränder wird auch, als Begrenzung des Fahrraumes nach innen, eine Achse gefunden, welche gleichzeitig die Grundlage für die Anbringung der Bodenmarkierung darstellt. Auf diese Achse soll aber auch wieder zurückgegriffen werden, um eine kontinuierliche Achsberechnung, die ja das Gerüst und die Grundlage des Straßenprojektes bildet, zu ermöglichen.

Die Achse im gesamten Kehrenbereich kann mathematisch als Kurve n-ter Ordnung vom parabolischen Typ angesetzt werden, also als Polynom n-ten Grades. Es müssen als Ausgangsbasis zum Ansatz der Gleichung Punkte der Kurve koordinativ angegeben werden, was durch Herausmessen aus dem Schleppkurvenplan zu erfolgen hat. Die Anzahl dieser Punkte wäre so zu wählen, daß eine einwandfreie Definition der Kurve möglich ist. Das Polynom ist nach der Gleichung

$$y = a_0 x^n + a_1 x^{n-1} + \ldots a_{n-1} x + a_n \tag{17}$$

aufzustellen. Für jeden koordinativ erfaßten Punkt wäre eine Gleichung für die gemessenen y und x aufzustellen.

Es ergeben sich somit n-Gleichungen n-ten Grades für die Werte $a_0 - a_n$, welche für nicht allzu hochgradige Gleichungen mit der allgemeinen Auflösungstheorie linearer Gleichungssysteme für homogene mit Matrizen für die Form

$$a_{11} \, x_1 + a_{12} \, x_2 + \ldots a_{1n} \, x_n = b_1$$
$$a_{21} \, x_1 + a_{22} \, x_2 + \ldots a_{2n} \, x_n = b_2$$
$$\ldots\ldots\ldots\ldots\ldots\ldots\ldots\ldots\ldots\ldots\ldots$$
$$a_{m1} \, x_1 + a_{m2} \, x_2 + \ldots a_{mn} \, x_n = b_m$$

gelöst werden können.

Wird die Lösung auf elektronischem Wege durchgeführt, so wird das Polynom so aufzustellen sein, daß

a) die Gleichung der Kurve angegeben wird,
b) in den gewünschten Abständen (2 bis 4 m und bei den Querprofilen) die Achskoordinaten bestimmt werden,
c) die Stationierung dieser Punkte angegeben wird,
d) die Krümmungsradien der Achse für diese Punkte angegeben werden und
e) als Zusatzprogramm auch die Absteckrechnung von gegebenen Polygonpunkten der Vermessung aus durchgeführt wird.

Wesentlich einfacher und mit einer für die Praxis völlig ausreichenden Genauigkeit kann der Übergang von der durch die Schleppkurvenkonstruktion ermittelten Straßenachse zu einer analytisch erfaßbaren Kurve näherungsweise durch eine Klothoide erfolgen, welche die gleiche Tangentenabrückung des Achskreises von den Grundgeraden der Kehrenein- und -ausfahrt hat. Die Berechnung der Grundwerte der Klothoide erfolgt nach KASPER-SCHÜRBA-LORENZ [14] über die Einheitsklothoide, wobei R und ΔR gegeben sind, d. h. durch Messung aus der Schleppkurvenkonstruktion entnommen werden.

Der Parameter der Klothoide wird aus dem Formwert $\dfrac{\Delta R}{R} = \dfrac{\Delta r}{r}$ berechnet. Aus der Einheitstafel wird r gefunden und der Parameter der Klothoide mit $A = \dfrac{R}{r}$ errechnet. Alle anderen gewünschten Maße der Achsklothoide ergeben sich durch Multiplikation der Einheitsmaße der entsprechenden Zeile der Tafel der Einheitsklothoide mit dem errechneten Parameter.

Die Methode ist bezüglich ihrer Anpassung an die durch die Schleppkurvenkonstruktion gefundene Linie oftmals überprüft und die gute und völlig ausreichende Anpassung bestätigt worden.

Es könnte selbstverständlich auch eine andere Kurve (quadratische oder kubische Parabel, Teilstück einer archimedischen Spirale, ein Vorbogen als Kreis mit doppeltem Radius oder ähnliches) als Ersatz herangezogen werden, jedoch ist die Anwendung der Klothoide am zweckentsprechendsten, da einerseits hiefür vorzügliche Tafelwerke, die einfach zu handhaben sind, zur Verfügung stehen, anderseits die Achse der laufenden Strecke üblicherweise auch aus Geraden, Klothoiden und Kreisbögen zusammengesetzt wird.

Der Innenrand der Kehre wird am einfachsten durch Übertragung radialer Maße der Schleppkurvenkonstruktion gewonnen.

Als augenscheinlichstes und in gewissem Sinne sehr demonstratives erstes Teilergebnis der neuen Methode der Konstruktion von Kehren ist somit folgendes festzuhalten:

Der hier beschrittene Weg des prinzipiellen Konstruktionsfortschrittes des Kehrengrundrisses von außen nach innen und nicht von der Achse nach beiden Rändern hin, ergibt für den Außenrand die angenommene Folge Gerade—Kreis—Gerade und für die Achse das gewohnte Bild mit Übergangsbogen zwischen den Geraden und dem Kreis. Eine Feststellung, die ihre Begründung bereits in einer vorhergehenden Arbeit [9] gefunden hat. Die Parameter der Ein- und Ausfahrtsklothoiden sind allerdings verschieden und nicht gleich groß.

10. Querneigung und Anrampung

Die Ausbildung der Querneigung in der Kehre ist nach zwei Gesichtspunkten vorzunehmen:

a) nach der Größe, welche von verschiedenen Faktoren abhängt, und
b) nach der Form.

Die Fahrbahnverwindung und Querneigung bei Straßen ohne Übergangsbögen wurde in einer früheren Arbeit [15] einer Analyse unterzogen.

Die Querneigung in einer Kurve hat die Aufgabe, die Gefahr des Kippens nach außen durch das Überwiegen der Fliehkraft $F = \dfrac{v^2 \cdot G}{R \cdot g}$ oder das Schleudern aus demselben Grunde zu vermindern.

In Kehren werden, um noch eine einigermaßen große Fahrgeschwindigkeit durch die meist sehr kleinen Bögen mit Radien von 10 m aufwärts zu erzielen, sehr starke Quergefälle angewendet, die Erfahrungswerte darstellen und rechnerisch nur als Beweis der erzielbaren Geschwindigkeiten dienen können. Die Quergefälle werden heute mit Werten von 12 bis 16% angenommen, wobei aber kein Unterschied in der Größe des Krümmungsradius gemacht wird. Es werden bei $R = 10$ m ebenso 16% Querneigung angeordnet, wie bei $R = 25$ m.

Es wird also hier der umgekehrte Weg als üblich beschritten und zu der gegebenen Querneigung die zulässige Fahrgeschwindigkeit ermittelt, mit anderen Worten, 12 bis 16% Querneigung werden bei jeder Kehre vorgesehen, so daß die Kehre mit kleinerem Radius langsamer, die mit größerem Radius schneller befahren werden kann. Es ist z. B. nach der Formel der RAL-L (1963) bei einer Verteilung der Fliehkraft zu $1/3$ auf die Querneigung und zu $2/3$ auf die Seitenreibung

$$q = \frac{0,26 \cdot V^2}{R}. \qquad (18)$$

Für $R = 15$ m und $q = 16\%$ ergibt sich eine zulässige Fahrgeschwindigkeit von

$$V = \sqrt{\frac{q \cdot R}{0,26}} = \sqrt{\frac{16 \cdot 15}{0,26}} = 30,4 \text{ km/h}.$$

Bei einer angenommenen Verteilung der Fliehkraft zur Hälfte auf die Querneigung und zur Hälfte auf die Seitenreibung ermittelt man die zulässige Fahrgeschwindigkeit aus der Formel

$$q = \frac{1}{2} \cdot \frac{v^2}{g} \cdot \frac{100}{R} = \frac{0{,}39 \cdot V^2}{R} \tag{19}$$

mit $V = 24{,}8$ km/h.

Und um noch ein anderes, recht anschauliches Beispiel für die in Kehren erzielbaren Fahrgeschwindigkeiten zu geben:

Für $q = 16\%$ ist nach der RAL-L Formel

bei $R = 10$ m: $V = 24{,}8$ km/h,

bei $R = 15$ m: $V = 30{,}4$ km/h,

bei $R = 20$ m: $V = 35{,}0$ km/h,

bei $R = 25$ m: $V = 39{,}3$ km/h.

Früher wurden oftmals Bedenken gegen diese großen Überhöhungen ausgesprochen und diese damit begründet, daß bei glatter Fahrbahn ein Abrutschen der Fahrzeuge nach innen eintreten könnte. Diese Gefahr besteht heute nicht mehr, da durch den guten Winterdienst auf den Straßen mit Salzstreuung oder Steinriesel und die neuartigen Bereifungen (Matsch- und Schneereifen oder Spikes) große Vorsorge für die Gleitsicherheit der Fahrzeuge getroffen worden ist.

Die seinerzeit vorgeschlagenen und auch gebauten Kehren mit Trennstreifen zur Vermeidung von Kollisionen sind inzwischen zum größten Teil wieder umgebaut und auf ungeteilte Kehren zurückgeführt worden, weil sich die erhöhten Trenninseln im Gegensatz zum erwünschten Erfolg als wesentlich größere Gefahrenquellen bei Schneebelag und in der Nacht erwiesen haben. Ihr Nutzen stand jedenfalls in keinem Verhältnis zum verursachten Schaden.

Die Verwindung der Fahrbahnfläche von der einseitigen Querneigung in der vor der Kehre liegenden Strecke zur gleichförmig stark geneigten oder gebrochen (konkav) ausgebildeten Fläche in der Kehre erfolgt entsprechend den Anregungen in der vorher erwähnten Arbeit [15].

Die Entscheidung ob in der Kehre eine ungebrochene oder eine konkave Querneigung anzuordnen ist, hängt vom Drehsinn der Wendeplatte ab. Für die Talfahrt ist eine größere Querneigung in der Kurve erwünscht, weil hier die Gefahr einer größeren Geschwindigkeit, des zu späten Einsetzens des Bremsmanövers usw. besteht, während bei der Bergfahrt für die langsam fahrenden Lastwagen ein kleineres Quergefälle erwünschter ist. Auch hier zeigt sich wieder die Notwendigkeit Kompromisse zwischen den Forderungen der schnellfahrenden PKW und der langsamfahrenden LKW zu schließen. Diese Kompromisse sind im Straßenbau durch die große Verschiedenheit der Fahrzeuge bei fast allen technischen Vorkehrungen zu schließen, treten aber bei so extremen Verhältnissen, wie Kehren sie darstellen, besonders augenscheinlich zutage.

Die Verteilung der Querneigung bzw. die Anrampung von der Regelquerneigung zur vollen Querneigung im Kreisbogen wird aus dem Krümmungsbild der Fahrkurve $1/R$ abgeleitet, welches zuerst aus der Evolute der Schleppkurve zu bestimmen ist. Die volle Querneigung im Bogen ist getrennt für die innere und äußere Fahrspur unter Berücksichtigung der Berg- oder Talfahrt mit — erfahrungsgemäß — 12 bis 16% konkav oder einseitig durchgehend mit 12% anzunehmen. Aus dieser Querneigung ist im Verhältnis zum Kreisradius die Fahrgeschwindigkeit festzulegen, welche den beiden Fahrspuren für die gesamte Kehre zugrunde zu legen ist. Ein Bremsen im Bereich der Kehreneinfahrt oder ein Beschleunigen in der Kehrenausfahrt soll wegen der geringen zur Verfügung stehenden Strecke des Übergangsbereiches nicht in Betracht gezogen werden.

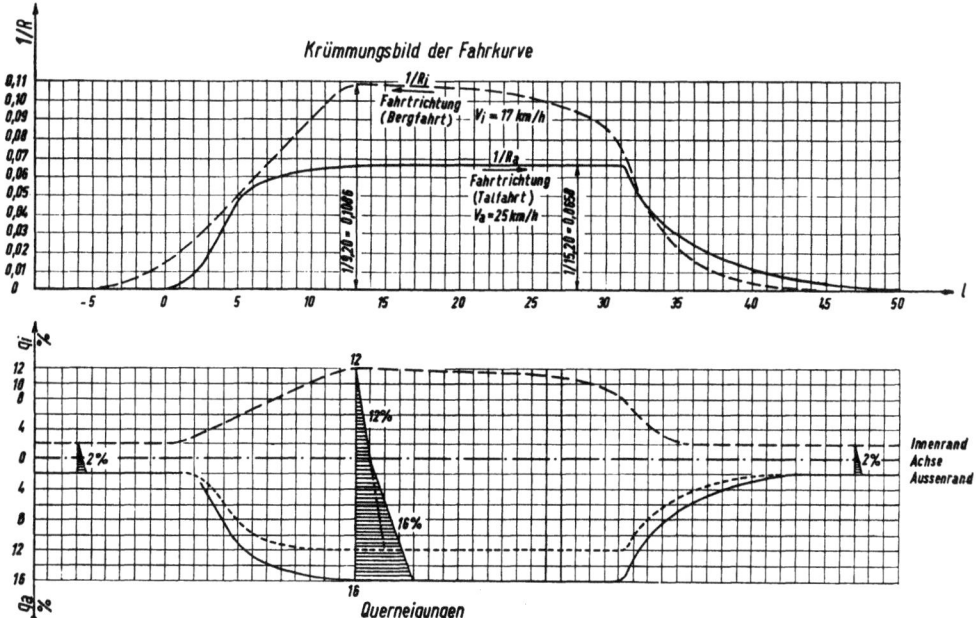

Abb. 9. Krümmungsbild und Querneigung

Für die in Abb. 8 dargestellte Kehre soll nun als Beispiel die Querneigung und die Anrampung angegeben werden

$$R_i = 9{,}20 \text{ m}; \quad R_a = 15{,}20 \text{ m}.$$

Die Bergspur liegt innen, so daß

$$q_i = 12\%; \quad q_a = 16\%.$$

Die entsprechenden Fahrgeschwindigkeiten sind (bei Verteilung der Fliehkraft zu $\frac{1}{2}$ auf die Querneigung und zu $\frac{1}{2}$ auf die Seitenreibung) nach Gl. (19)

$$\left.\begin{aligned} V &= \sqrt{\frac{q \cdot R}{0{,}39}}, \\ V_i &= \sqrt{\frac{12 \cdot 9{,}20}{0{,}39}} = 17 \text{ km/h}, \\ V_a &= \sqrt{\frac{16 \cdot 15{,}20}{0{,}39}} = 25 \text{ km/h}. \end{aligned}\right\} \quad (20)$$

In Abb. 9 ist in der oberen Figur das Krümmungsbild der Fahrkurve $1/R$ für beide Fahrtrichtungen getrennt aufgetragen. Die Darstellung zeigt die bereits aus früheren Arbeiten [9] bekannte Gestalt des steilen Anstieges bei der Einfahrt in den Bogen und des relativ flacheren Abstieges bei der Ausfahrt.

In der unteren Figur sind die Querneigungen, welche die Krümmungsradien der Fahrkurve erfordern, aufgetragen. In diesem Graphikon wurden die Werte für die Querneigungen auf folgende Art ermittelt:

Für die Außenspur: $V_a = 25$ km/h,

$$q_a = 0{,}39 \cdot \frac{25^2}{R} = 244 \cdot 1/R.$$

Für die Innenspur: $V_i = 17$ km/h,

$$q_i = 0{,}39 \cdot \frac{17^2}{R} = 111 \cdot 1/R.$$

Der Wert $1/R$ kann durch Messung direkt dem darüberliegenden Krümmungsbild entnommen werden.

In der Abb. 10 sind die vier Möglichkeiten dargestellt, nach denen sich die Anlage einer Kehre ergeben kann.

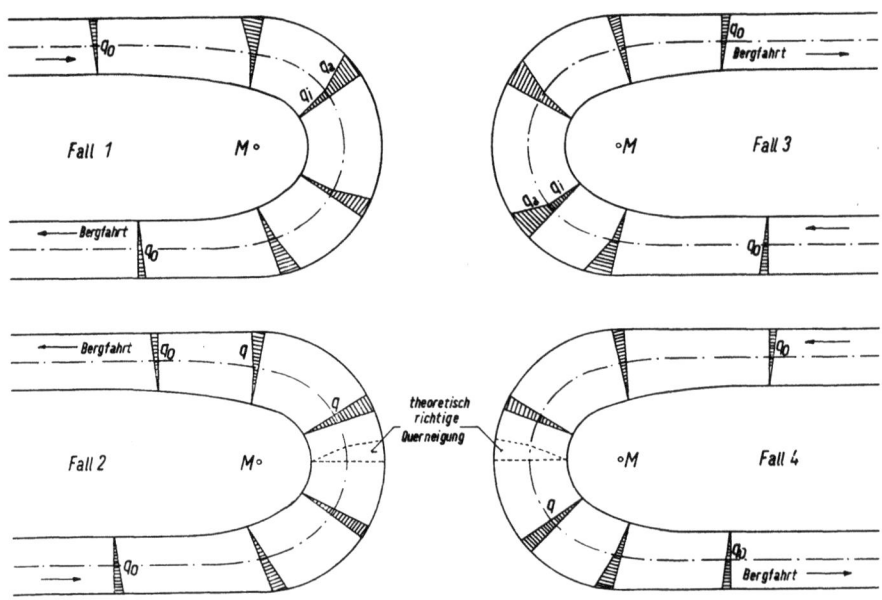

Abb. 10. Kehrentypen

Fall 1) zeigt die auch in dem vorstehenden Beispiel gezeigte Variante einer Kehre mit Bergfahrt in der inneren Spur und aufwärts gerichtetem Krümmungssinn. Die Querneigung ist hier im Bereiche der Kreisbogen konkav auszubilden, innen mit 12%, außen mit 16%.

Fall 2) stellt die Möglichkeit der Bergfahrt in der äußeren Spur dar, mit links aufwärts gerichtetem Krümmungssinn. Hier ist im Bereiche der Kreisbögen ein gleichförmig mit 12% geneigtes Quergefälle vorzusehen, obwohl es sicher wünschenswerter wäre, die Ausbildung nach der in der Kehrenmitte strichliert dargestellten Art, mit innen 16% geneigter Fahrbahn vorzunehmen. Diese Ausbildung, welche die theoretisch richtigere wäre und dem innen bergab Fahrenden eine größere Sicherheit geben würde, ist aber abzulehnen, weil bei einem immerhin denkbaren Abkommen des Fahrzeuges von der Innen- auf die Außenspur die Fahrbahnquerneigung plötzlich geringer würde und somit die Gefahr des Schleuderns und damit des gänzlichen Abirrens von der Fahrbahn gegeben wäre.

Um dieser Gefahr zu begegnen, wäre noch zu überlegen, die Fahrbahn für Fall 2) im Kreisbogenbereich durchwegs mit der Höchstquerneigung von 16% zu versehen. Dies würde aber für den langsam bergauf fahrenden Lastwagen eine bereits bedenkliche Schrägstellung bewirken und durch das Fehlen der Zentrifugalkraft sich durch bereits merkbar stärkere einseitige Belastung der inneren Räder und unter Umständen durch ein Verrutschen der Ladung bemerkbar machen. Es erscheint daher der dargestellte Weg als jener des besten Ausgleiches mit der Konzession der geringeren zulässigen Fahrgeschwindigkeit in der inneren Fahrspur, aber einem Gewinn an Verkehrssicherheit.

Die *Fälle 3)* und *4)* sind antimetrische Bilder zu den Fällen 1) und 2).

Das Maß der Anrampung der Fahrbahnränder ist nach Abb. 9 aus dem Bild der Querneigungen zu ermitteln; hiebei muß aber beachtet werden, daß sowohl die Längen in dieser Darstellung verzerrt dargestellt sind als auch die Fahrbahnbreiten einem fortschreitenden Wechsel unterworfen sind, so daß diese Maße für jeden der Punkte 1, 2, 3 ... n (in Abb. 9: — 8 bis + 50) dem Kehrengrundriß entnommen werden müssen.

Die Anrampung der Fahrbahnränder kann nun nicht, wie es sonst im allgemeinen bei der Projektierung üblich ist, auf Grund der vorliegenden Ermittlungen der Querneigungen für sich allein betrachtet, errechnet oder bewertet werden; Sie ist vielmehr unmittelbar abhängig von den Steigungsverhältnissen in der Kehre, von der Wahl der Bezugslinie und der Drehpunkte der Verwindungen.

Die Anrampung stellt somit das Verbindungsglied zwischen der lage- und der höhenmäßigen Untersuchung einer Kehre dar. Denn die bei Projektierungen üblichen getrennten Ermittlungen der Lage- und Höhenpläne und ihre allenfalls durchgeführten Untersuchungen der räumlichen Wirkung der Linienführung, der Kontrolle der zulässigen Schrägneigungen und des überall gewährleisteten Abflusses des Oberflächenwassers von der Fahrbahnfläche (Vermeidung der Bildung von Säcken) wird bei Kehren weitaus in ihrer Bedeutung überwogen durch die Forderung nach der geodätisch richtigen Ausbildung der Fahrbahnfläche. Diese muß als Fläche im Raume und nicht als Fläche in der Ebene des Grundrisses und als Linie im Aufriß betrachtet werden. Der Konstrukteur muß sich auch immer dieser räumlichen Vorstellung bedienen; dann werden auch die bei manchen gebauten Kehren merkbaren Fehler unruhiger Randführung und besonders die in ihren Auswirkungen nicht ungefährlichen, zu großen Querneigungen, wie bereits auf Seite 5 angedeutet, vermieden. Diese zu großen Querneigungen zum Beispiel, sind oftmals in den Bereichen vor und nach der Kehre festzustellen und haben folgenden Grund: In den Richtlinien für die Anlage von Landstraßen, RAL-L wird die größte zulässige Anrampungsneigung mit 1,5% angegeben. Meist ist nun der Übergangsbogen bei den beengten Kehrenanlageverhältnissen so kurz, daß mit diesem Bereiche nicht das Auslangen gefunden werden kann. Wohl ist nun in diesen Richtlinien die Bemerkung enthalten: „Ein Übergriff der Anrampung auf die Gerade oder den Kreisbogen soll nicht stattfinden", im nächsten Satz aber ist bereits zu lesen: „Ist kein Übergangsbogen vorhanden, so wird die notwendige Verwindung bei den Elementenfolgen Gerade—Kreis und Kreis—Gegenkreis zur einen Hälfte vor und zur anderen Hälfte nach dem Stoßpunkt der beiden Elemente durchgeführt." Diese Anleitung, welche für die Einfahrt von der Geraden in den Kreisbogen bedenklich ist und die Schleppkurveneinflüsse völlig außer acht läßt, kann dazu verleiten, die Anrampung, deren Länge durch die maximale Steigung von 1,5% gegenüber der Nivellette festgelegt ist, doch in die Gerade hinein vorzuziehen und das ergibt dann eben diese zu hohen Querneigungen, die dazu führen können, daß Fahrzeuge in die Gegenfahrspur hineingezogen werden.

In diesem Zusammenhange soll nicht unerwähnt bleiben, daß die Angaben der RAL-L für Kehren nicht immer gültig und anwendbar sind. Denn mit dem Anrampungsmaß von höchstens 1,5% würden sich Übergangsbogenlängen bei dem Aufsteilen der Querneigung von 2% auf 16% von 40 bis 45 m Länge ergeben, die in den schwierigen Anlageverhältnissen im Gebirge nicht unterzubringen sind. Anderseits sieht die RAL-L aber auch keine Querneigungen von 16% vor, die größte ist mit 7,0% angegeben.

Es ist die Kehre also auch auf diesem Gebiete als Sonderfall anzusehen, und damit soll auch die Überleitung zu dem zweiten Hauptabschnitt, der Untersuchung, Entwicklung und Konstruktion der Nivellette in der Kehre gegeben sein.

11. Steigungs- und Kurvenwiderstand

In der Kehre ist die Steigung zu ermäßigen, um durch die Verminderung des Steigungswiderstandes den Krümmungswiderstand, mit dem bei der Fahrt durch eine enge Kurve gerechnet werden muß, überwinden zu können, ohne eine erhöhte Motorleistung einsetzen zu müssen.

Üblicherweise gilt als Faustregel, daß die Steigung in der Kehre die Hälfte jener der laufenden Strecke betragen soll; Bei einer Steigung der Straße von 8% würde die Steigung in der Kehre nach der bisherigen Regel also auf 4% zu ermäßigen sein.

Der Steigungswiderstand
$$W_s = G \sin \alpha,$$
wobei

G das Fahrzeuggewicht und
α den Winkel der Straßensteigung bedeutet.

Näherungsweise kann $\sin \alpha = \operatorname{tg} \alpha$ gesetzt werden.

Wird s in %, G in t eingesetzt, so erhält man

$$W_s(\text{kg}) = G(t) \cdot s(^0/_{00}). \qquad (21)$$

Die Ermittlung des Krümmungswiderstandes ist etwas schwieriger durchzuführen. Nach dem von FIALA [16] angegebenen Wege findet man nach EBERAN [17] den Rollwiderstand in der Kurve (Kurvenwiderstand) mit

$$W_k = W_g \cos\beta + S \sin\beta, \qquad (22)$$

in dieser Gleichung bedeuten

W_k den Rollwiderstand in der Kurve (Kurvenwiderstand),
W_g den Rollwiderstand ohne Seitenkräfte $W_g = f \cdot G$,
f den Rollreibungsbeiwert,
Q den Raddruck,
β den Schräglauf oder Schwimmwinkel,
S die Seitenkraft, hervorgerufen durch die Fahrt durch einen Kreisbogen mit dem Halbmesser R.

In der Abb. 11 sind die auf ein Vorderrad bei der Kurvenfahrt angreifenden Kräfte dargestellt. Mit der Tangentialgeschwindigkeit v und der Masse des Wagens G/g läßt sich die Zentrifugalkraft ausdrücken durch

$$S \cdot \cos\beta = \frac{v^2 \cdot G}{R \cdot g}. \qquad (23)$$

Der ausgenützte Seitenreibwert $\mu = S/G$ läßt sich also unter Verwendung der vorstehenden Gl. (23) auch ausdrücken mit

$$\mu = \frac{v^2}{R \cdot g \cdot \cos\beta}. \qquad (24)$$

Der Kurvenwiderstand selbst läßt sich nun durch die Beziehung

$$W_k = f_k \cdot Q \qquad (25)$$

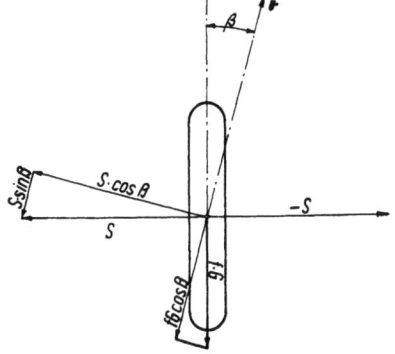

Abb. 11. Kräfteangriff am gelenkten rollenden Rad in der Kurve

ermitteln, wobei f_k einen Beiwert bedeutet, der durch die Gleichung

$$f_k = \frac{\mu^2}{57{,}3 \cdot k} \qquad (26)$$

auszudrücken ist.

Der Wert k hängt von der Bereifung, vom Reifenluftdruck und von Q und v ab und ist mit einem Durchschnittswert von 0,09 einzusetzen.

Die Gl. (26) ergibt mit dem Werte $k = 0{,}09$ den Wert von $f_k = \mu^2/5{,}16$ und

$$W_k = \frac{\mu^2}{5{,}16} \cdot Q. \qquad (27)$$

Die Durchrechnung eines Beispieles ergibt nun für $R = 20$ m, eine Fahrgeschwindigkeit von 35 km/h = 9,47 m/s und einem Achsstand des Wagens von 3,00 m sowie einem Gesamtgewicht des Wagens von 3,00 t

$$\operatorname{tg} \beta = \frac{3}{20} = 0{,}150000; \quad \cos \beta = 0{,}9889,$$

$$\mu = \frac{v^2}{R \cdot g \cdot \cos \beta} = \frac{9{,}74^2}{20 \cdot 9{,}81 \cdot 0{,}989} = 0{,}490,$$

$$f_k = 0{,}490^2/5{,}16 = 0{,}0465,$$

$$W_k = 0{,}0465 \cdot 1500 = 70 \text{ kg}$$

Kurvenwiderstand für einen Raddruck von 1500 kg auf beide Vorderräder.

Der Steigungswiderstand beträgt für eine angenommene Steigung von 8% und ein Wagengewicht von 3,00 t:

$$W_s = 3{,}00 \cdot 80 = 240 \text{ kg Steigungswiderstand}.$$

Für ein Konstantbleiben der Summe aus Kurven- und Steigungswiderstand müßte sein

$$W_s + W_k = \text{Const.} \tag{28}$$

Somit für das oben begonnene Beispiel

$$W_s + W_k = 240 \text{ kg},$$
$$W_s + 70 = 240 \text{ kg}.$$

W_s in der Kehre $= 240 - 70 = 170$ kg und die notwendige ermäßigte Steigung würde betragen

$$170 = 3{,}00 \cdot s,$$

$$s = \frac{170}{3{,}00} = 57^0/_{00}.$$

Im Falle dieses Beispieles ist also die Steigung in der Kehre nicht auf die Hälfte, sondern nur auf rund $^2/_3$ jener der laufenden Strecke zu ermäßigen. Dieses Ergebnis, welches die exakte Erfassung der bisher nur nach Schätzungen und überlieferten Annahmen vorgenommenen Steigungsermäßigung beinhaltet, hat wesentliche Auswirkungen auf die Wirtschaftlichkeit der Anlage von Bergstraßen.

Die ohnehin nur mühsam und unter erheblichen Schwierigkeiten überwindbaren Höhenunterschiede sollen nicht durch verschenkte Höhenmeter vergrößert werden.

Kurvenwiderstand und Steigungswiderstand sind bei jeder Kehre zu errechnen und für das Maß der Steigungsermäßigung zu verwerten.

Der Kurvenwiderstand ist progressiv für den abnehmenden bzw. zunehmenden Wert des gefahrenen Krümmungsradius zu ermitteln und in einem Graphikon, welches in Abb. 12 schematisch dargestellt ist, aufzutragen.

Auf Grund der vielen, in der Praxis durchgerechneten Beispiele ist festzustellen, daß die Steigungsermäßigung nur in den seltensten und ungünstigsten Fällen (niedrige laufende Steigung, kleinster Kurvenradius in der Kehre) auf die Hälfte vorzunehmen ist. Meistens genügt die Reduktion auf $^2/_3$ oder $^3/_4$ der Streckensteigung.

Die Kehre im Gebirgsstraßenbau

In diesem Kapitel über den Kurvenwiderstand soll auch noch kurz das Problem des Fahrens auf einer zur Fahrtrichtung senkrecht schräg geneigten Fläche, der Regelfall beim Befahren einer geraden Straße mit quergeneigter Fahrbahn untersucht werden.

Um bei dem vorher gewählten Beispiel zu bleiben, wäre nach Gleichung (23) bei einer Fahrgeschwindigkeit von 9,74 m/s, einer Querneigung von 2% und einem angenommenen Wagengewicht von 1,00 t, wenn $\cos \beta = 1$ gesetzt wird

$$R = \frac{v^2 \cdot G}{S \cdot g}; \quad S = 0{,}02 \cdot G,$$

$$R = \frac{9{,}74^2 \cdot 1000}{20 \cdot 9{,}81} = 485 \text{ m},$$

d. h. in Worten: Der Wagen fährt auf der Geraden ständig in der Kurvenstellung $R =$ rund 500 m. Das ist von großer Bedeutung für die Lage der Verwindungsstrecken der Fahrbahn.

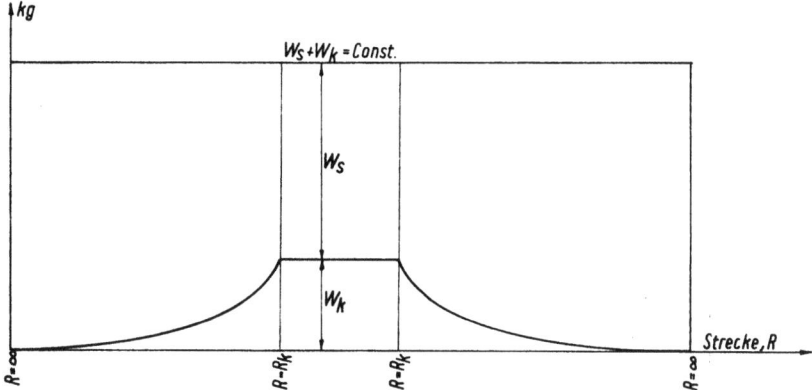

Abb. 12. Konstantes Produkt aus Kurven- und Steigungswiderstand

12. Die Nivellette im Kehrenbereich

Nach der Errechnung der notwendigen Steigungsermäßigung im Bereiche der Kehre kann nun an die Projektierung der Nivellette geschritten werden. Es sind hier jedoch vorerst einige Überlegungen anzustellen:

a) Die ermittelte ermäßigte Steigung ist bei rechts aufwärts drehenden Kehren (Fall 1 der Abb. 10) am Innenrand und bei links aufwärts drehenden Kehren (Fall 2 der Abb. 10) in der Achse einzusetzen. Es wird damit vermieden, daß beim ersten Fall die Ermäßigung nicht zur vollen Wirkung kommt und beim zweiten Fall eine zu große Reduzierung der Steigung eintritt.

b) Der Übergang vom steileren Längsgefälle vor der Kehre in das ermäßigte im Kehrenbereich sollte erst dort beginnen, wo auch der Kurvenwiderstand zu wirken beginnt, nämlich am Kehrenbeginn und in den Bogen hineinreichen. Es wird damit ein kontinuierlicher Einsatz der Motorleistung garantiert und eine Unruhe der Fahrt vermieden.

Die obere Ausrundung soll mit einer gegenüber der Einfahrtskuppe wesentlich größeren Wanne erfolgen und erst nach dem Bogenende ansetzen. Die lange und nur allmählich steiler werdende Übergangsstrecke am oberen Ende der Kehre soll einerseits das Beschleunigen der Fahrzeuge nach der langsameren Fahrt durch die Kurve erleichtern, anderseits das Abbremsen bei der Talfahrt begünstigen.

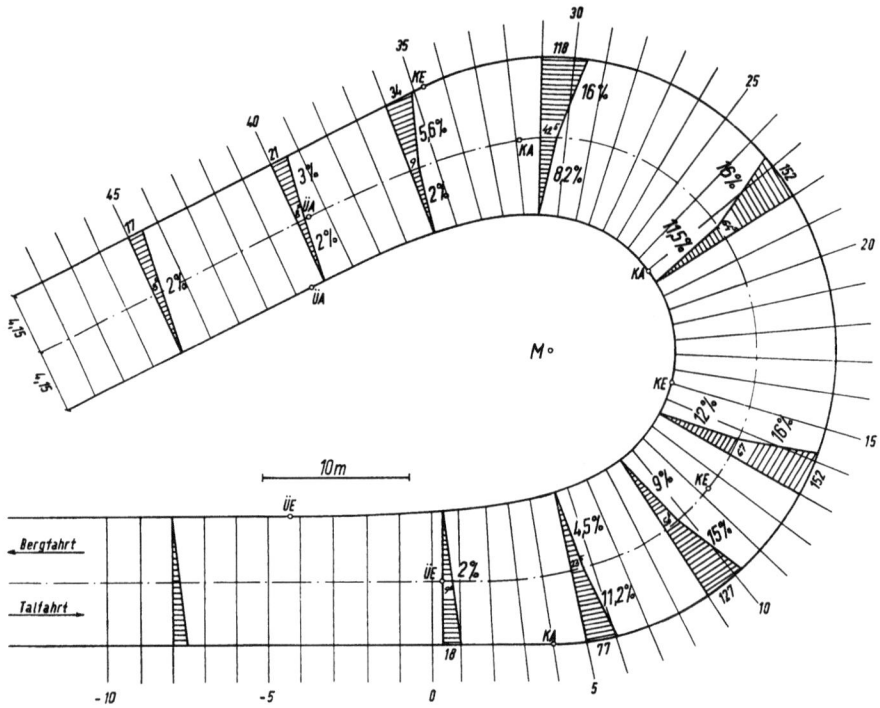

Abb. 13. Überhöhungsbild einer Kehre mit Bergfahrt innen

c) Die Fahrbahnverwindung soll unbedingt nur im Bereiche der Kehre allein abgewickelt werden, keinesfalls dürfen Teile der Strecke vor oder nach dieser dazu benützt werden. Die Angaben in der SNV 40198 sind, so zutreffend sie auch im allgemeinen sind, bezüglich des Hinausreichens der Anrampung über Kurvenanfang- und -ende bedenklich. Denn es tritt dann — und es soll wegen der Wichtigkeit dieses Hinweises nochmals darauf zurückgekommen werden — die zu starke Querneigung in den Anschlußstrecken ein, mit allen Gefahren des Abkommens der Fahrzeuge von der Fahrspur, sei es in die Gegenfahrbahn oder über den Fahrbahnrand hinaus.

In der Abb. 13 wurde mit den Ausbauelementen der Abb. 8 das Überhöhungsschema für eine rechts aufwärts gerichtete Kehre (Innenfahrbahn für die Bergfahrt) dargestellt. Die innere Fahrspur ist hier mit maximal 12%, die äußere mit maximal 16% überhöht.

Der Längenschnitt zu dieser Kehre ist für die Achse und den äußeren und inneren Fahrbahnrand in der Abb. 14 dargestellt.

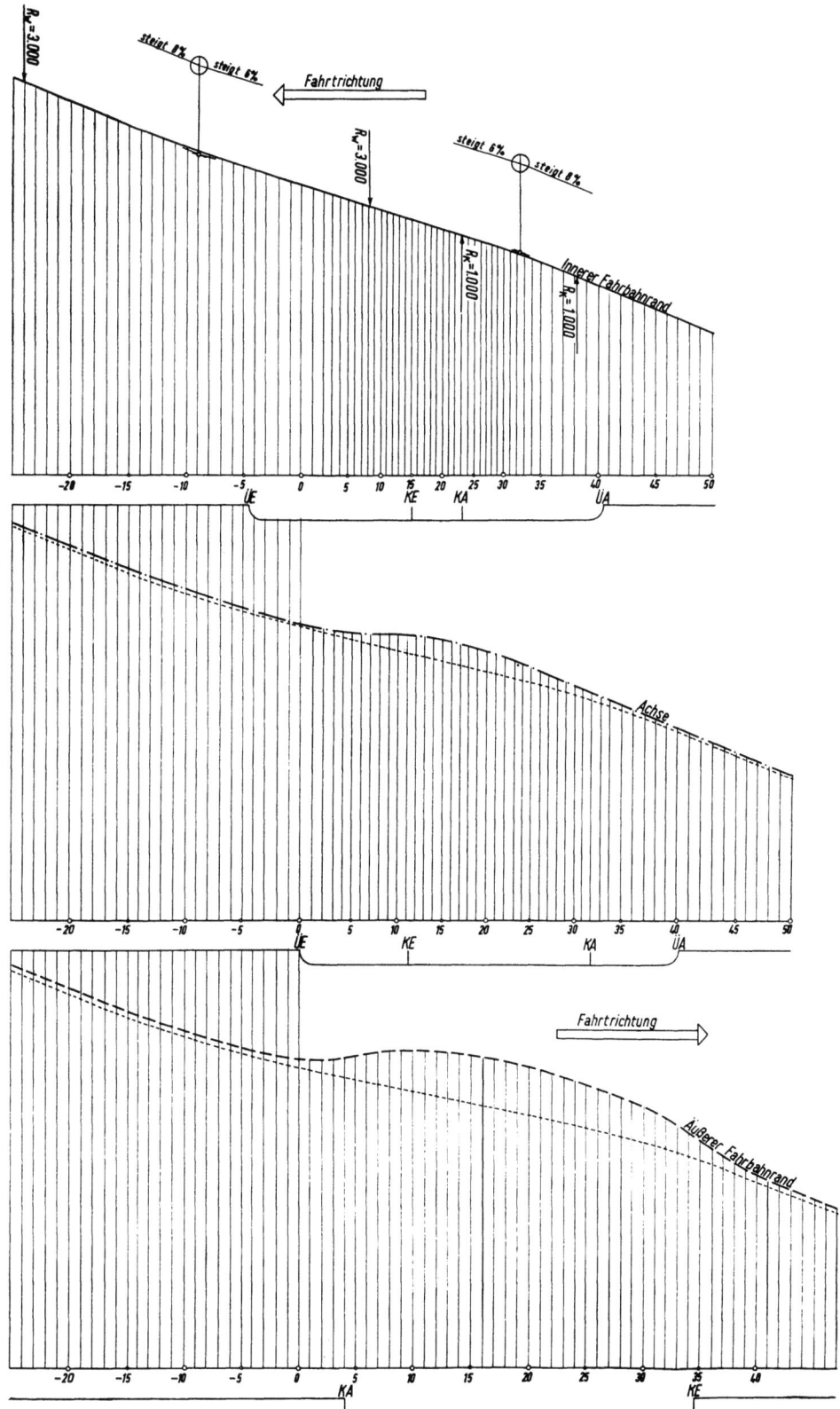

Abb. 14. Längenschnitte einer Kehre mit Bergfahrt innen

Die Festlegung der Nivellette erfolgt in diesem Falle, entsprechend dem Hinweis unter a) vom Innenrand ausgehend. In diesem Beispiel sind die Streckensteigungen mit 8% angenommen. In der Kehre erfolgt die Ermäßigung auf 6%, wobei auf die Lage der Kuppe ($R = 1000$ m) und der Wanne ($R = 3000$ m) entsprechend den Bemerkungen in Punkt b) Bedacht genommen wurde.

Es ist für jeden Rand ein eigener Längenschnitt mit der wahren, unverzerrten Länge dargestellt, und das sollte, im Gegensatz zu dem allgemein üblichen

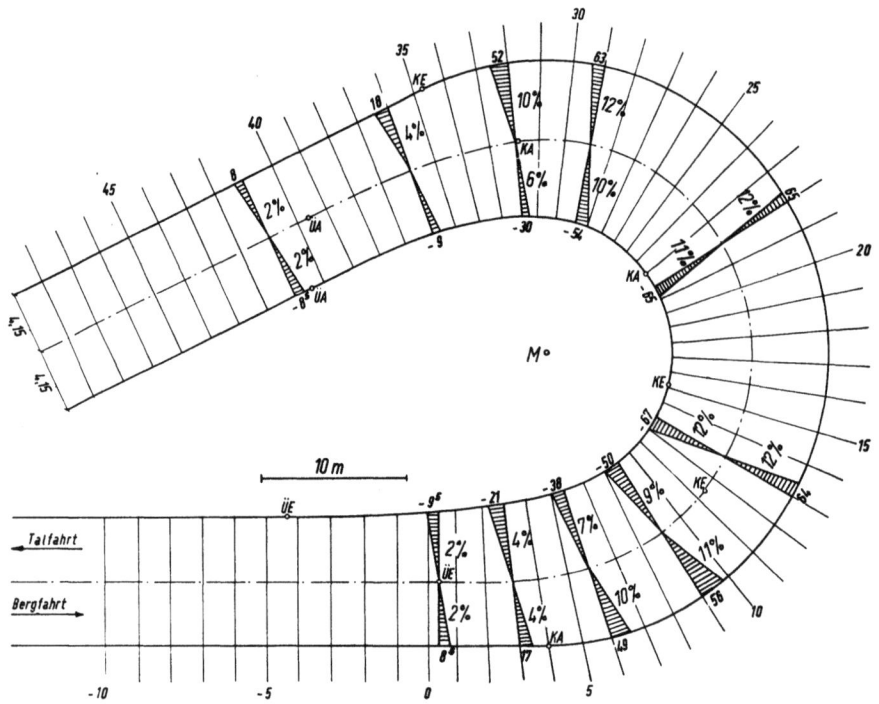

Abb. 15. Überhöhungsbild einer Kehre mit Bergfahrt außen

Gebrauche, stets so gemacht werden, denn nur auf diese Weise gewinnt man ein anschauliches Bild der Steigungsverhältnisse und kann unerwünschte Verzerrungen ausgleichen.

Das Beispiel zeigt die gewünschte günstige Ausbildung in der Nivellette: Die Bergfahrspur zeigt als Ausgangsbasis die richtige Steigungsermäßigung, aber auch die Talfahrspur zeigt ein befriedigendes Bild, denn es tritt hier sogar der sehr wünschenswerte Fall einer Gegensteigung vor dem Eintritt in den Kleinradius des Außenrandes und damit eine willkommene Unterstützung des Bremsmanövers ein. Das gegenüber der Strecke größere Gefälle am Kehrenende hilft dann bei der Beschleunigung zur normalen Entwurfsgeschwindigkeit der laufenden Strecke und ist keineswegs als Mangel zu bezeichnen.

Die Darstellungsart läßt zwar die gewohnte Anschaulichkeit der drei in einem Bild zusammen dargestellten Linien der Fahrbahnränder vermissen, ist aber dafür

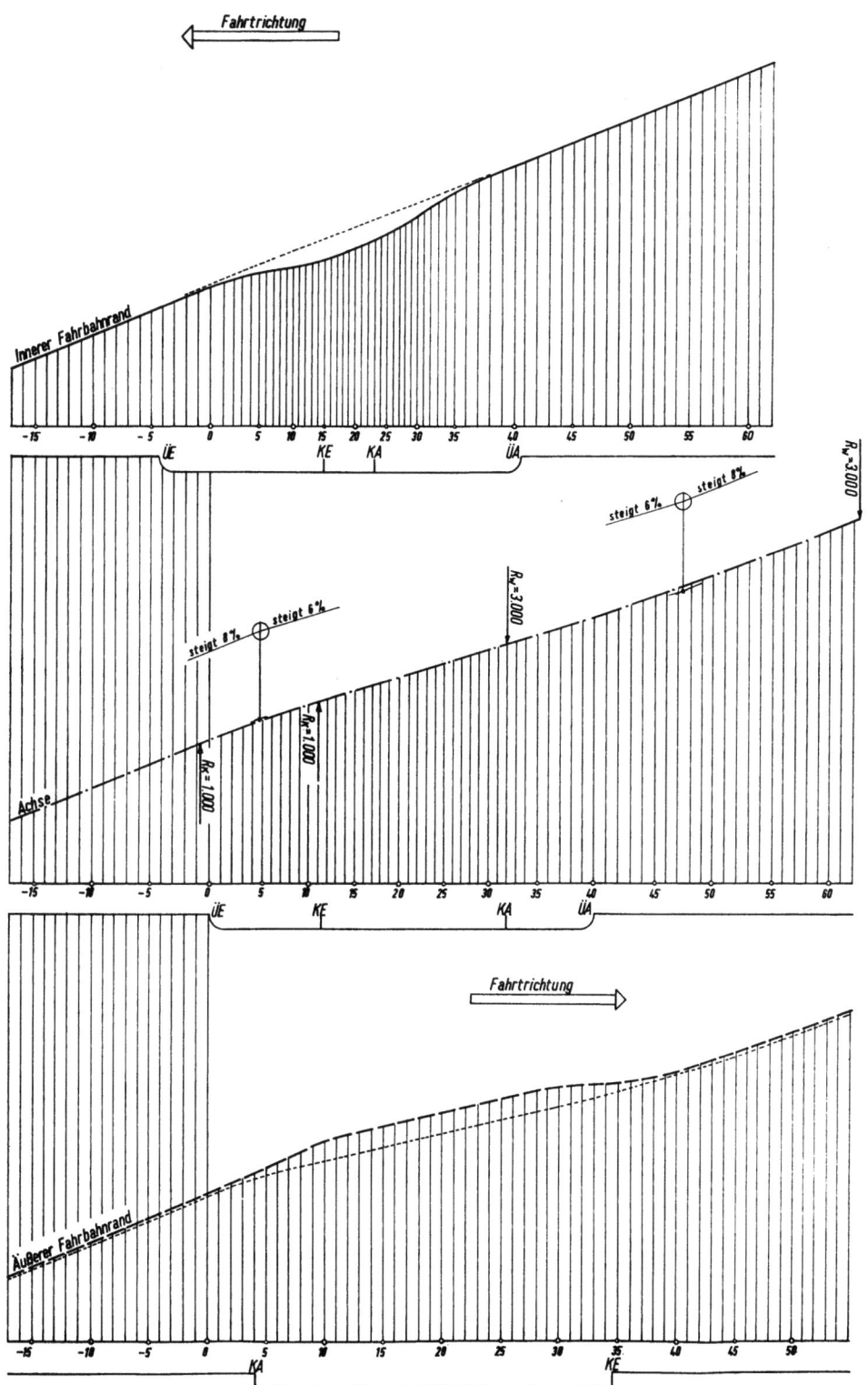

Abb. 16. Längenschnitt einer Kehre mit Bergfahrt außen

unverzerrt und läßt die wahren Größen der Steigungen und Ausrundungen direkt entnehmen. Die Identifizierung im gleichen Querschnitt liegender Punkte ist über die Nummerierung möglich.

Von dieser Darstellung aus sind die Elemente der Nivellette in der Achse zu bestimmen und der Übergang der Berechnung der Steigungselemente auf diese vorzunehmen. Das ist nicht schwierig, und es lassen sich in jedem Falle passende Annäherungswerte einsetzen.

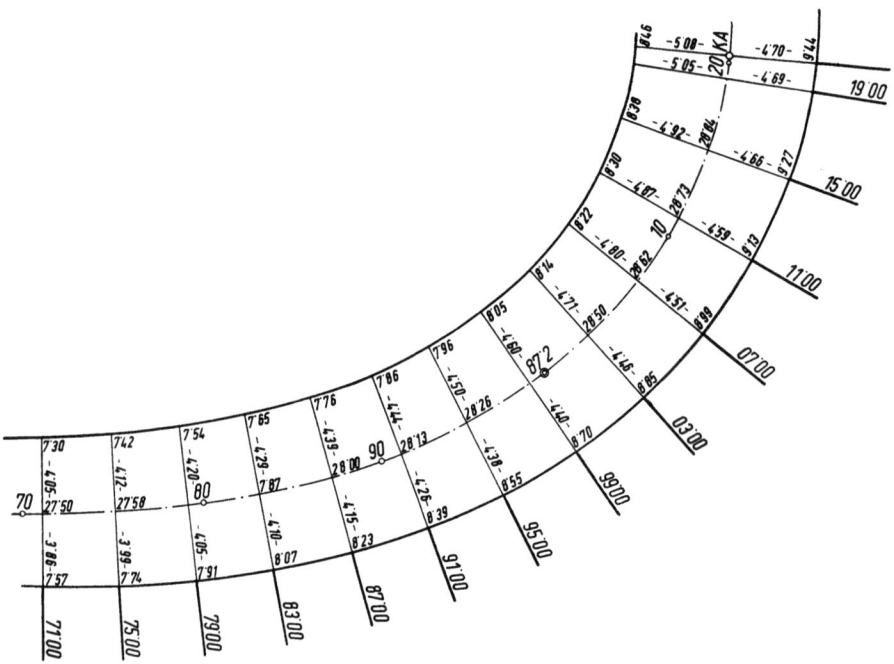

Abb. 17. Kotierter Lageplan

In der Abb. 15 ist wieder mit den Ausbauelementen der Abb. 8 das Überhöhungsschema für eine links aufwärts drehende Kehre mit gleichbleibender maximaler Querneigung von 12% dargestellt. Die Grundrißskizze zeigt die Kehre, bei welcher die Außenfahrspur die bergfahrende ist.

In der Abb. 16 sind die Längenschnitte zu dieser Kehre für die Achse und den inneren und äußeren Fahrbahnrand dargestellt.

Die Ausgangsbasis für die Nivellette ist in diesem Falle, gemäß den Hinweisen unter a), die Achse. Es sind dieselben Steigungs- und Ausrundungselemente bei diesem Beispiel verwendet, wie bei dem vorhergegangenen. Es zeigt sich auch hier das erwünschte Ergebnis mit der Steigungsermäßigung im Bereiche des Bogens bei der Bergfahrt in der äußeren Spur und der nachfolgenden Begünstigung der Beschleunigung, während bei der Talfahrt das Abbremsen durch eine Flachstrecke im Kurvenbereich erleichtert wird.

Mit diesen beiden vorstehend gezeigten Beispielen soll der Weg für einen erfolgversprechenden Ansatz zur Ausbildung der Nivellette und der Fahrbahnverwindung in Kehren für die beiden Möglichkeiten der Anlageverhältnisse angegeben werden. Der Kunst und der Erfahrung des Konstrukteurs bleibt es aber unbeschadet dieser Richtlinien überlassen, durch Glättungen und Ausgleiche die einwandfreie Fläche zu bestimmen. Es kann dabei auch notwendig sein, die Bezugslinie — in allerdings meistens nur kleinem Ausmaße — zu verändern. Das Ergebnis dieser letzten ausgleichenden Veränderungen ist ein kotierter Lageplan der gesamten Kehre. In diesem Plan sind die Achse und die beiden Fahrbahnränder dargestellt, die Fahrspurbreiten in Abständen von 3 bis 4 m kotiert und die absoluten Höhen (drei Punkte je Profil) eingetragen.

In der Abb. 17 ist ein Teilstück eines solchen kotierten Lageplanes dargestellt, der die Grundlage für den Bau und die Ausführung der Kehre darstellt. Die Kontinuität der Verwindungsfläche kann durch das Eintragen von Höhenschichtenlinien geprüft werden und gibt eine zusätzliche Kontrolle für die Richtigkeit der Ausbildung der Kehre.

Der Plan dient nach Abschluß der Bauarbeiten auch als Unterlage für die Aufbringung der Bodenmarkierung — der Sperrlinien — in der Achse. Der richtigen Lage dieser Markierung kommt bei Kehren eine große Bedeutung zu, und ihre Anbringung darf keinesfalls der Routinearbeit nach der üblichen Methode überlassen bleiben. Denn diese Linie liegt ja nicht in der Fahrbahnmitte, und sie soll vor allem als Leitlinie und als Begrenzung der Fahrspur nach innen dienen und ist das Ergebnis eines Teiles der Schleppkurvenuntersuchungen. Es würde sich somit empfehlen, die Fahrbahnachse im Kehrenbereich durch dauerhafte Einrichtungen (Nägel, Bolzen u. dgl.) für dauernd zu fixieren, um die Anbringung der Bodenmarkierung an immer der gleichen und richtigen Stelle zu gewährleisten.

13. Die geteilte Fahrbahn in der Kehre

Bei näherer Betrachtung der Ergebnisse der Untersuchungen der gegenseitigen Beziehungen und Abhängigkeiten von Kurven- und Steigungswiderstand, Ausbildung der Gradientenentwicklung und der Querneigung, erhebt sich die Frage, ob nicht doch die Fahrbahntrennung die Möglichkeit zur Berücksichtigung aller dieser Abhängigkeiten in sich bergen könnte.

In der Tat ergeben sich hier die besten Aussichten für Lösungen und Konstruktionen, die um ein Vielfaches einwandfreier den Anforderungen der Theorie an die Praxis entsprechen als es bei der ungeteilten Kehre — mit einer Fahrbahnfläche für beide Fahrtrichtungen — jemals gelingen könnte. Die *völlige* Trennung beider Fahrtrichtungen, beginnend schon weit vor und endend weit nach der Kehre, ist jedoch Voraussetzung. Die bisher übliche Ausbildung mit der Trennung der Fahrstreifen nur im unmittelbaren Kehrenbereich, meistens sogar noch mit zentraler Achse und gleicher Nivellette, entspricht diesen Anforderungen nicht und ist daher nach wie vor abzulehnen.

Gelingt aber die oben geforderte völlige Trennung und absolute Teilung beider Fahrtrichtungen, dann können bedeutende Vorteile und Fortschritte erzielt werden. Daß dieser Wunsch aber nur in den seltensten Fällen in Erfüllung gehen kann, ist mit den zur Regel gehörenden beengten Anlageverhältnissen der Kehren durch die Schwierigkeiten des Geländes zu begründen. Wo aber die Möglichkeit zur Fahrbahntrennung besteht, dort sollte sie genützt werden, weil:

a) Die Ausbildung der Nivellette für die notwendige Unterstützung der Brems- und Beschleunigungsmanöver, die bei der Berg- und bei der Talfahrt gänzlich voneinander verschieden sind, in richtiger Art und Weise durchgeführt werden kann,
b) die notwendigen Quergefälle ohne Kompromisse vorgesehen werden können,
c) die Fahrstreifen ein für allemal richtig vorgezeichnet und nicht von der Genauigkeit oftmals zu erneuernder Bodenmarkierungen abhängig sind, somit eine wertvolle Erhöhung der Verkehrssicherheit erzielt wird und
d) die Entwässerungseinrichtungen für die Abfuhr des Oberflächenwassers zweckentsprechender ausgebildet werden können, zumindest aber das Überrinnen der gesamten Fahrbahnfläche in der oftmals langen Strecke der Fallinie einer ungeteilten Kehre vermieden wird.

Die Gradienten der Richtungsfahrbahnen sollen eine Form haben, wie es in Abb. 18 dargestellt ist. Durch diese Ausbildung wird erreicht, daß einerseits für die Bergfahrt Krümmungs- und Steigungswiderstand aufeinander abgestimmt sind, anderseits aber — und das ist bei der ungeteilten Kehre nicht möglich — für die Talfahrt eine tatsächlich wirksame Bremsunterstützung durch eine längere und ausgeprägte Gegensteigung erzielt werden kann.

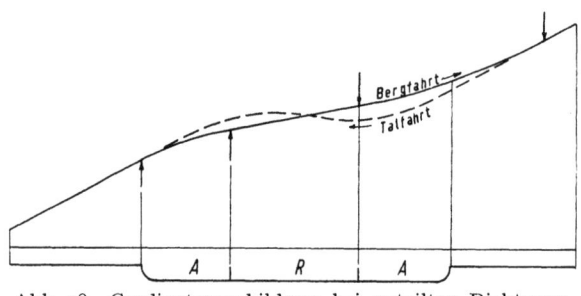

Abb. 18. Gradientenausbildung bei geteilten Richtungsfahrbahnen

Die Quergefälle in der geteilten Kehre sollten nach der in Abb. 19 gezeigten Art ausgebildet werden.

Diese Kehrenausbildung mit Fahrbahntrennung braucht viel Platz und ist nicht billig. Sie bietet sich allerdings von selbst dort an, wo entweder bereits zwei getrennte Richtungsfahrbahnen auch in den anderen Streckenteilen bestehen, also zum Beispiel bei Autobahnen, oder wo zwei und mehr Fahrstreifen für eine Fahrtrichtung zur Verfügung stehen. Diese Fälle werden beim kommenden Ausbau stark frequentierter Bergstrecken, die einen vierspurigen Ausbau erfordern, aktuell werden. Hier ist dann eine völlige Fahrbahntrennung im Kehrenbereich wohl ins Kalkül zu ziehen.

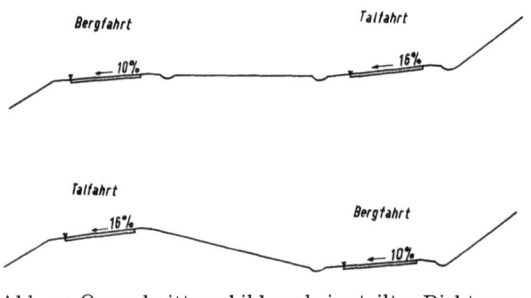

Abb. 19. Querschnittsausbildung bei geteilten Richtungsfahrbahnen

Bei Autobahnen wurden Kehren bis jetzt noch nicht verwendet; es scheint aber durchaus vertretbar zu sein, bei dem immer mehr zunehmenden Ausbau bestehender und der Erschließung neuer Alpenübergänge auch bei Autobahnen auf die Kehre zurückzugreifen. Der Hauptvorteil einer Autobahn liegt ja doch wohl nicht in den erzielbaren Höchstgeschwindigkeiten, sondern in der Trennung der Fahrtrichtungen und in der Möglichkeit des gefahrlosen Überholens. So scheint es auch, unter bestimmten zwingenden Verhältnissen notwendig zu sein, bei der Trassierung von Autobahnen Kehren anzulegen; allerdings sind hier nicht Radien von der Größenordnung der bisher besprochenen Kehren ($R = 10$ bis 30 m), sondern im Ausmaße von 100 bis 300 m zu verstehen. Bei diesen Kehren sind für die Bergfahrt keine Ermäßigungen der Steigung mehr notwendig, da der Kurvenwiderstand zum Beispiel bei $R = 100$ m für einen 25-t-LKW nur mehr 1 kg beträgt. Für die talführende Richtungsfahrbahn wäre allerdings die Ausbildung in der vorher beschriebenen Art, mit Gegensteigung im Bereiche des Kreisbogens, wünschenswert.

14. Zusammenfassung

In der vorliegenden Arbeit wurden die neuen Erkenntnisse der Trassierung von Kehren auf Grund vieler ausgeführter Beispiele niedergelegt. Hiebei wurde auch auf frühere Aufsätze des Verfassers, welche zum Teil die Grundlagen dieser Erkenntnisse bilden zurückgegriffen, im besonderen wurde auf [9] und [11] Bezug genommen.

Die Kehren wurden bisher in der technischen Literatur nur wenig behandelt. Ihre Konstruktion war mehr auf die Überlieferung und auf persönliche Erfahrungen und Vorstellungen begründet und nicht wissenschaftlich fundiert.

Eine übertriebene Genauigkeit und vor allem die Heranziehung mathematischer Lösungen schwieriger Art an Stelle guter graphischer Konstruktionen oder Modellversuche erscheint bei den Kehrenkonstruktionen, wie überhaupt im gesamten Straßenbau nicht angebracht; denn durch die großen Verschiedenheiten der Fahrzeugtypen, die divergierenden Fahrgeschwindigkeiten und Fahrzeuggewichte, lassen sich eindeutige Normen nicht aufstellen; außerdem entsprechen die Fahrzeugstellungen niemals den theoretischen Erfordernissen und sind niemals parallel zur Achse — Zufälle ausgenommen —, sondern schließen immer einen Winkel mit ihr ein. Zu allen diesen technischen kommen noch die physischen und psychischen Verschiedenheiten der Fahrzeuglenker, welche individuelle Auffassungen vom Fahren haben. Was aber bei anderen Untersuchungen der Kurvenfahrt wegen der Größe der Krümmungen nicht sonderlich ins Gewicht fällt, ist bei der Kehre von ausschlaggebender Bedeutung.

Es wird empfohlen, die Kehren im Sinne der Ergebnisse der Straßenverkehrszählungen, im besonderen der verhältnismäßigen Aufteilung des PKW- und LKW-Verkehrs zu bearbeiten. Die Aufteilung wäre derart vorzunehmen, daß unter normalen Verhältnissen die schwersten Fahrzeuge für die Ausbildung der Nivellette und der Querneigungen herangezogen würden, während es unter anderen Bedingungen denkbar wäre, eine Kehre zur Gänze auf einen bestimmten Fahrzeugtyp auszurichten. In diesem Falle wäre z. B. an eine Ausflugstraße gedacht, bei welcher außer den PKW nur der Omnibus maßgebend ist.

Der Weg zur Konstruktion von Kehren nach neuen Gesichtspunkten und Methoden ist gezeigt, immer aber bleibt eine Kehre ein Einzelstück, für das keine Normen aufgestellt werden können und auf das der Konstrukteur besondere Sorgfalt legen soll.

Literaturverzeichnis

[1] Schweizerische Normenvereinigung, Regelblatt SNV 40198, Kurven.

[2] Richtlinien für die Anlage von Landstraßen, II. Teil: Linienführung.

[3] E. NEUMANN, Der neuzeitliche Straßenbau, dritte Auflage, Springer-Verlag 1951.

[4] E. NEUMANN, Neuzeitlicher Straßenbau, vierte Auflage, Springer-Verlag 1959.

[5] F. GAUSS und W. RAUTENSTRAUSS, die Fahrbahnbreite für den Schwerlastverkehr VDI.-Z. 98 (1956), Nr. 33.

[6] E. GUHLMANN, Die Anwendung der Schleppkurve bei der Projektierung von Straßen, Straßentechnik 7, Jg. Nr. 9, 1959.

[7] W. EVERLING und W. SCHOSS, Die elektronische Berechnung von Fahrbahnverbreiterungen nach der Schleppkurve, Brücke und Straße 6/1966, S. 245.

[8] R. AUBERLEN, Fahrt formt Fahrbahn, Forschungsarbeiten aus dem Straßenwesen, Neue Folge, Heft 59, Kirschbaum Verlag 1965.

[9] P. PETROVIĆ, Übergangsbogen und Schleppkurve im Straßenbau, ÖIZ. 9 (1966), Heft 6, S. 200.

[10] G. SCHRAMM, Die fahrdynamisch zweckmäßige Übergangsbogenlänge bei Straßenbogen, Straße und Autobahn 10/1959, S. 407.

[11] C. ZWIKKER, The advanced Geometry of plane Curves and their Applications, New York, Dover Publ. Inc. 1963.

[12] L. HAUSKA, Der Straßenbau, Abschnitt I. Wien 1938.

[13] J. E. TENNER, Die graphische Ermittlung der Fahrspurbreite in Kehren mittels Schleppkurven, ÖIZ. 9 (1966), Heft 2, S. 69.

[14] KASPER-SCHÜRBA-LORENZ, Die Klothoide als Trassierungselement, Ferd. Dümmlers Verlag, Bonn 1961.

[15] P. PETROVIĆ, Fahrbahnverwindung und Querneigung bei Straßen ohne Übergangsbogen, ÖIZ. 10 (1967), Heft 6.

[16] E. FIALA, Der Kurvenwiderstand von Kraftfahrzeugen, ATZ. 56 (1954), S. 5/6.

[17] R. EBERAN, Obere Grenzen der Durchschnittsgeschwindigkeit, Automobil Revue 1950 Nr. 31, S. 17.

If you have any concerns about our products,
you can contact us on
ProductSafety@springernature.com

In case Publisher is established outside the EU,
the EU authorized representative is:
**Springer Nature Customer Service Center GmbH
Europaplatz 3, 69115 Heidelberg, Germany**

Printed by Libri Plureos GmbH
in Hamburg, Germany